菜鸟阳台种植教程

[德] 玛莎·沙赫特 著　刘静静 译

陕西新华出版传媒集团
太 白 文 艺 出 版 社

目录

盆栽无边界 7

春天 27

夏天 67

秋天&冬天 119

造型 137

集优出版社——品质的保证

我们想借助本书的信息和建议使你的生活变得轻松，并启发你尝试新的事物。我们十分重视出版的每一本书的时效性，对内容、外观、装帧的品质都严格要求。所有的信息都是由我们的作者和专业编辑人员精心挑选并经过层层审核才呈现在你面前的，所以我们提供百分百的质量保证。

在以下两方面你完全可以信赖我们：
我们十分重视私人花园使用的可持续性。
我们确保：

- 所有的指导和建议都是经过我们的专家实践检验过的。
- 通过简洁易懂的文字和插图使所有的步骤都十分简单易行。

集优出版社
德国第一家生活图书出版社——始于1722年

基本的园艺工作
水果，蔬菜&药草
景观植物

盆栽无边界

园艺只适合那些坐拥大片土地的人吗？不！不论是在阳台上、楼顶上抑或后院里，都可以种植五颜六色的鲜花，还可以种植一些小水果和可口的蔬菜。这样即使身居闹市，你依然能享受田园野趣，而且还不会受到楼层的限制。你还在犹豫什么？快快加入我们，打开家门，拿上手套，我们一起开始建造属于自己的花园吧。

有限的空间，无限的幸福

把暗色、灰色扫地出门，让彩色进驻你的阳台空间。花团锦簇，蔬菜娇嫩，鲜果枝头闹，只有这样的阳台和后院才能制造惊喜。来吧，现在就用瓶瓶罐罐来打造你的阳台吧！

阳台真是一个奇妙的发明，透过窗户你会发现它的很多用途：可以晾衣服，可以堆饮料瓶，可以是户外冰箱，也可以是合租派对上的烟友聚集地，甚至有时候阳台还会是天竺葵的栖息地。

这些听起来都很不错，但或许有人会问：难道阳台不应该有更多的用途吗？或者说，阳台是否有其他用途？你是否梦想着自己可以种植青翠的生菜或者有个小小的花园？你是否热爱着那些异域鲜花或者喜欢吃那些甜美可口的浆果？你并不需要做很多事情就可以把那些平时几乎不曾有过用武之地的阳台或房屋平顶改造成迷你小绿洲，并在这些用冰冷的混凝土建成的阳台上打造一个属于你自己的世外桃源。同样，经过一番装扮，很多后院很快就能由一个原本只能停自行车的地方蜕变成让你眼前一亮的美丽花园。

不可能再新鲜了：自己采摘的蔬菜尝起来是最好的，而且不仅仅是在餐盘里受人喜爱。

阳台君王

虽然绝大部分的“城市绿洲”只有几平方米大，但是与大公园相比，它们具有一些得天独厚的优势：打理阳台这件事不受任何限制，你可以利用业余时间一点点来做，这样你的业余生活也会显得更有意义。反正家里的草坪割草机是要退休的，因为阳台上很少会有杂草需要使用这种机器来清除。你随时都可以决定你阳台疆域的大小。简而言之，要想亲近自然，无论你是菜鸟级别的初学者还是鲜有时间的大忙人，阳台种植都很适合你。但是请注意，阳台种植可能会上瘾哦！

夏季的各种花卉、灌木等植物能将你的阳台、房顶或者后院变成花海。

一个人只要亲眼看过一颗种子如何长成一朵明艳的向日葵，品尝过那带有阳光气息的无与伦比的番茄，那么他就离不开自家的这个小花园了。你还应该意识到，你正扮演着引诱者的角色，因为五光十色的阳台吸引了来客驻足。这芬芳的药草、艳丽小巧的花朵、秀色可餐的水果，还有那水润香甜的蔬菜无不使来客产生据为己有的冲动。因此，你至少要为朋友们准备一些小袋种子，好让他们回家练手。

还没有足够勇气的朋友们也不用担心，没有人天生就是种植能手。种植很简单：你播下种子，过几天看到那冒出的第一抹绿，这就是种植了。如果你对种植感兴趣，一步步向前尝试，我相信不需要花费很多，你就会取得令人惊讶的成功。即使你没有立马成功，例外也是在验证规律，你可以从这次失败中得到启发，为下次的成功奠定基础。当然我们也没必要去亲身体验所有的错误，你可以在这本书里找到很多建议和小设计，这些都可以帮助你很快地体会到见到成果的喜悦。这本畅销书系统地介绍了一些最受欢迎、最好养的植物，其中有蔬菜、鳞茎花卉以及桶装植物，当然书中也配有重要的种植小贴士。在“精挑细选”章节你可以认识植物的不同种类，它们的多样性可能会触发你的收集欲。此外，分布在整本书页面右上方的标记会告诉你，整个工作的重点是蔬菜和景观植物，还是基本的园艺工作。废话不多说，下面我们就开始动手吧！

一生的朋友：年轻、翠绿、追寻性感……

很多植物不仅看起来光彩四射，而且你和它们一起生活也定会十分融洽。做园艺的理由已经很充分了，动手满足一下自己的这个小需求吧。

谁带垃圾出门？为什么碗筷还是没有洗？谁又没有盖上牙膏盖？所有这些因琐事可能引起的争吵都可以避免，只要你把这些“绿色室友”请进门就可以了。植物能容忍你的很多小毛病，不会顶嘴，而且懂得感恩，只要你好好待它，它定会回报你以繁花似锦、郁郁葱葱，还有那香甜的果实也一定能让你乐开怀。缺点只有一个：它们是沉默的天使。有时候如果它们能透露一些信息给你，那这些信息对你肯定会十分有用。问题来了：植物生长需要什么呢？

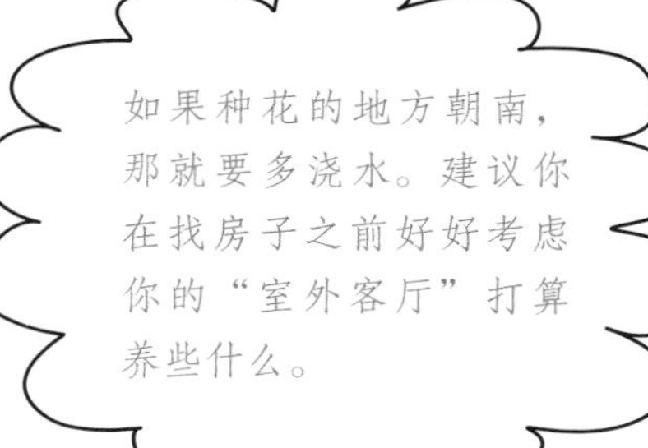

向日葵顾名思义属于喜阳类植物。

生存空间：陶罐

在自然界，似乎所有植物的生存条件都不同，甚至有一些还生长在极端环境下，比如沙漠或者水里。土地、肥料、水是否还是植物生长的必需品呢？这一点人们必须辩证地来看。一方面，自然界中所有事物都处于循环中，植物借助光合作用吸收空气中的二氧化碳和水中的营养盐，然后长出了花、叶、果。当这些花、叶、果凋零后就会成为花肥，反哺自己及周边的植物。这真是一个完美的循环系统啊。另一方面，植物和人一样性格各异：有些品种的植物喜欢成群聚居，有些却一想到这种生存方式就会掉一地的鸡皮疙瘩。举个例子来说，把睡莲种在沙漠中就像把仙人掌扔进水里一样很难成活。

在此背景下，瓶瓶罐罐中的植物仍

番茄不需要像很多药草一样经常施肥。

阴凉处水分挥发得慢，所以不需要频繁浇水。

然面临着双重问题。一是它们无法选择自己生存的地方，很多时候都是你根据它们的外貌随心购买，然后带回家安置在最讨人喜欢的地方。这样就有可能把喜阴的植物安排在南边的阳台上饱受阳光的照射，或者把百里香这样的喜阳植物种在阴凉处。二是在瓶瓶罐罐里种植植物，打破了植物固有的循环系统，叶子和花只能落到容器外，或者被剪下放入花瓶。果实虽然能给种植者带来一点甜头，但是这样也就不能堆肥来反哺植物本身了。这样造成的后果就是，终有一天当花盆中的营养物质被植物用光了，那么你的“食物贮藏室”也就空了。所以，园丁们的下一个任务就是及时施肥以补充植物所需的营养物质。

好的一面就是，大自然已经锻造出来了很多生存能手，很多植物在任何情况下都能为自己找到最合适的生存方式，不过只要位置放对了，养起来就会容易很多。先考虑一下你的阳台、房顶或者后院的实际情况以及你想用多少时间来浇水和照料它们，然后就可以有针对性地去找最适合自家种植的绿植了。你也可以去花匠那儿，让他给你推荐一些品种。做好这些准备后，你也就离成功越来越近了。

盆栽种植——超级简单

想找便宜的容器来种植植物吗？冰箱、衣柜、大件垃圾等都是不错的选择。在这方面你完全可以天马行空发挥想象力，没有做不到的，只有想不到的。

有些露营者苛求有三居室带厨卫的住处，还要有一个可以伸缩的雨篷。幸亏我们的植物们没有那么娇贵，即使是种在一个酸奶盒或者鸡蛋盒里都没有问题。生菜更喜欢被种在水果箱或者废弃的抽屉里，在旧鞋里种上花也肯定会变成一件工艺品。相反，根扎得很深的植物，比如玫瑰，更偏好于被种在比较大、比较深的容器里，容器的深度最少应该达到40厘米。总的来说，大的容器会给植物的生长带来决定性的优势，因为这样可以放进去更多的土，土壤可以储存水分，有利于植物的生长，也可以为我们节省浇水的时间。在大的容器或者深的花槽（见64页）中种植的植物更能经受住零度以下的恶劣天气的考验，因为根部包裹的土壤就像一个保护层一样可以使植物免受冻害。

一个盆解决所有问题

用花盆种植植物时很重要的一点就是一定要记得在花盆底部开一个洞，这样多余的水分就能流出来，避免植物烂根。如果买来的花盆底部没有洞，那你可以自己钻几个小洞，最好是直径1~2厘米的洞，这样才不会堵塞。

同时，花盆的材质也值得考虑。陶瓷的花盆看起来漂亮，受外界冷热变化的影响较小，种在这种花盆里的植物能自由呼吸。但是这种花盆价格都比较高，而且自身重量大，买之前最好先询问一下花盆的耐冻温度。塑料花盆确实轻，价格也比较低廉，水分蒸发相对较少，但是缺点是夏天的时候这种花盆会很热，而且不稳固。

用种植袋种植，植物能获得额外的纵深空间。

建议：如果塑料花盆比较深，可以在种植前将花盆底部铺上砖瓦砾。生长袋也是个不错的选择，这种种植容器很时髦也很实用，因为可以叠起来，所以可以节省空间。可惜这种生长袋经过两三个夏季后就不能用了。瑞典的家具商店提供的购物袋或者亚超的大米袋也可以作为生长袋，它们都是既廉价又好用的种植容器，非常适合初学者。

不论是选用彩色的塑料花盆还是陶土花盆，重要的都是排水要顺畅。

有创意的园丁可以让凤仙花呼吸到山间的空气。

直接挂起来就好

如果你家里空间不够，就不得不换个角度考虑这个问题，比如利用好三维空间，这样数米的阳台花箱也可以为你带来种植或者观赏花朵的乐趣，而且花箱样式多种多样，购买也十分便捷。特别聪明的做法就是买那种能直接挂在栏杆上的花箱或者花盆，这样就可以更好地利用垂直空间。在小空间中分层种植也可以增加空间的利用率。你可以借助植物生长袋来建造你的“空中花园”，这些生长袋可以固定在墙面上。或者你也可以用钢丝网编织的挂篮、吊篮来种植。围绕着这些钢丝网编织的吊篮或者挂篮，种植上植物后，很快就会变成一个完美的花球。为了在浇灌时尽量避免把土冲刷出来，可以在钢丝篮里先铺上一层水苔，然后再装土。

更简单的方法就是在钢丝篮里填充上椰壳纤维或者塑料。种植袋上留有开口，由开口处将植物栽入土壤里。如果再装个滑轮链或“植物电梯”（花盆伸缩挂钩）的话浇水就更方便了。也有那种带有蓄水器的吊篮或者阳台花箱（见 86 页）。

精心栽种：花盆园丁的基土

适合播种的土壤、适合番茄生长的土壤以及适合草莓生长的土壤：植物真的会挑选土壤吗？不用担心，使用“超级基土”的话，在选择土壤时，就可以少一半的麻烦。

土壤是植物扎根的地方，也是储水储肥的地方，同时植物的根还需要氧气，要不然就会腐烂。好的种植土壤应该是既能储水又能储肥而且要密实，但是不能板结。市场上可以买到的基底都是由不同的原料和填充物混合而成的（比如陶土、沙或者石灰），这是为了尽可能达到很好的种植条件。比如沙或者熔岩颗粒可以使混合物更透气，这样根就能吸收到更多的氧气，陶土的好处则在于它能吸附很多的水和营养物质。

信息

有时在土壤里会发现一些明亮的小球体，它们不是蜗牛卵，而是长期堆肥形成的颗粒。

种花的土壤值得你去添加一些高营养物质。

亲爱的，赶紧混合吧！

出于生态原因，越来越多的园艺爱好者不使用带泥炭的土。但是有机土上的标签内容很少，你最好多注意那些写着“不含泥炭”的标签。混合肥料、树皮堆肥、木屑纤维、椰子纤维或者大麻纤维都可以作为基底。唯一的缺点就是，有些不含泥炭的土一旦浇湿就板结得厉害。这个问题还是有解决方法的，可以在土壤中掺入很多沙子，直到土壤看起来比较松散为止。那些价格明显低廉的土壤恰好相反，它们含有很高比例的泥炭。这种土壤一旦干燥就很难再黏合起来，所以不推荐大家购买。如果已经买了这类土，可以用混合肥料来改善土质，因为混合肥料吸水，而且还能提供营养物质。掺入的混合肥料只要能使基底捏在手中时几秒之内还能黏合在一起就可以了。一般很少有植物需要很特殊的土壤来栽培。播种土壤（见 34 页）和沼泽苗圃土是例外，这两种土壤对杜鹃花、绣球花和蓝莓来说是最理想的生长土壤。

椰糠砖——小规格，更方便

1. 把椰糠砖放入水中

种花用的这种砖是由普通的基质椰糠构成的，在压力作用下水和空气可以被抽走，因此这种手工砖很轻，也便于存放。虽然椰糠砖的价格比袋装土要贵一些，但很轻便。对那些没有汽车的园艺爱好者而言，肩上扛一个40升的装满土的大袋子从车站回家确实是很辛苦的事情。购买椰糠砖后你不需要做别的，只需要把砖放入桶中再加入水就可以了。确切的水量通常标注在包装袋上。

2. 泡发

要使压缩在一起的干燥的纤维喝饱水，然后分解开，这个过程大约需要20分钟。如果你严格按照包装说明上规定的水量来操作，最后一定能获得一堆松散的基底，这样你就可以继续使用这些土壤了。因为椰糠砖是自然的产物，所以可能会由于来源不同，导致需水量和土壤的紧实度出现变化。因此你最好先少加些水，然后根据实际情况再添加水。如果起初加水过多，就只能等湿透的基底再变干了。如果是刚开始种植花草的人，一定会感到很焦虑。不同品牌的产品性能稍有差异，一块椰糠砖一般会生成7~12升椰糠。

一滴一滴：正确浇灌

有些植物需水量大，有些植物需水量小，但是没有一种植物是不需要水的：浇灌对于花盆园丁而言是最重要的一项工作。实际上这又是最简单的工作。晶莹的水珠，走起！

聪明的园丁基本种植准则：一旦浇水就要浇透，这样水才能到达土壤深层。如果基土已经干了，这种方法实行起来有时就有点难度。尤其是那种含有很多泥炭的花卉种植土壤，会因浇透而板结。所以，推荐你分阶段浇水。第一次浇水只需要湿透表面这一层，水渗下去后就可以浇第二遍。另外，你还可以在基土中添加肥料和锁水颗粒来改善基土质量。阳台养花的箱子或者吊篮也有带内置蓄水设备的。种上植物后先正常浇灌几周，直到根须长到能够触到蓄水器为止。之后浇水的间隔就明显变长了。在花箱里垫上那种可以裁剪的吸水垫，这种垫子可以在种花之前就铺在箱底。

地中海药草需水量都比较少，过多水会妨碍它们生长。

时间决定一切

你究竟该多久浇一次花呢？这主要取决于你什么时间浇花。中午阳光充足的时候浇花，则很大一部分水不能到达根部，因为水分还在土表时就蒸发了。此外，叶子和花朵上的水滴会像小型凸透镜一样对植物造成灼伤。早晨 4 点是最佳浇水时间，但是这也不是一个很好的选择。如果要在这个时间浇水，除非你刚参加完一个派对回家，否则你得购买一台昂贵的电子浇水设备。所以最好还是在傍晚，当土壤和空气温度下降后再去浇水。另外，如果你家的房顶比较开阔，或者后院种植的东西比较稠密，你还可以在家里的水龙头上接个管子来浇灌植物。你还可以在房顶上或者后院里放一个雨水桶，雨水的 pH 值比含有钙的自来水要低，适合浇灌植物。特别是蔷薇科的植物，比如绣球花和蓝莓就

速成教程

改进洒水壶

绿色塑料或者发亮的锌对你而言是不是很无趣？那你就可以好好利用一个雨天，给你的洒水壶换一个新包装。

* 首先，彻底清洁一下你的洒水壶，然后晾干。之后把你喜欢的主题画在壶上，当然你完全可以借用镂花模板。这些东西你都可以在网上找到，打印出来就可以使用。

* 请你用丙烯颜料绘制图案，然后再晾干。如果一切进展顺利的话，这些图案会让你的洒水壶焕然一新。

很喜欢雨水。阳台上浇花一般都用洒水壶。如果养了很多小盆的花，那最好再在壶嘴上安装一个细细的口颈，这样水就能浇到叶子下面，而不会从叶子上滑落，洒在外面。要不然一般人都会很随意地忽视那些很难浇的小盆植物，或者给它们浇的水比给大桶植物浇的还多。除了在花盆底部钻一个排水的孔之外，如果还能有个排水层那就再好不过了。根据花盆的深浅，由砾石或者膨胀黏土铺在花盆底构成的排水层一般厚 3~10 厘米，可以在很大程度上解决排水的问题，而且还能通气，避免植物根部腐烂。一旦烂根就是灾难性事件了，因为这样根就不能吸收水分，植物很快就会蔫掉。这种情况下很多人会认为需要浇水，这样就会陷入一个恶性循环。所以在浇灌之前，最好把手指插进土壤 2 厘米左右，感受一下土壤是否还是湿润的。

植物的能量源

“多吃水果和蔬菜，这样你们能长得高大和强壮。”这句话估计每个人小时候都听过。但是什么东西可以使水果、蔬菜和观赏植物茁壮成长呢？这章就给你揭开使植物茁壮成长的“菜单”……

果树很慷慨地给我们提供了丰盛的果实。夏天时，西葫芦能快速成熟，向日葵能在短短几个月里长到3米。植物每年都是成绩斐然，那它们到底是怎么做到的呢？单凭水、空气和爱护是不够的，植物也依赖于营养物质，特别是氮、磷和钙。大自然中的所有事物都是处于循环中的，每年这些营养物质都以基本相同的量供给植物。人们通过收获水果、蔬菜或者剪掉花的方式取走植物的一部分之后，就必须从外界再给它们补充相应的营养物质。究竟什么时候、每隔多久施一次肥，这取决于植物的生长规律以及每个品种不同的特征。但总体而言，刚进入生长旺期、花期以及果子的形成时期时，绝大部分植物都需要充足的营养物质。

城里的堆肥厂都有物美价廉的堆肥出售。或者你可以在家里制备一个堆肥器或蠕虫箱（见98页）。

缓释肥还是速效肥？

当有人问你用什么来施肥时，你的选择基本上就是有机肥或者所谓的矿物肥。最出名的有机肥就是堆肥、角屑肥料以及角粉肥料。这种肥料的优点在于，它能源源不断地向植物供给养料，效果可以持续好几周。这种搅拌好的肥料能改善植物基土的结构。对于大一点的桶或者苗床而言，这种肥料很合适。相反，如果花盆比较小，手工操作起来会比较复杂，所以还是推荐使用矿物肥料。长效肥很有用，这种肥料可以在植物繁茂

直接把肥料棒插入土中，可给植物提供数周的营养。

想让木槿花开得如此灿烂，应保证每周给它使用一次液体肥。

生长时就加入到基土中。另外，你也可以选择将小棍状或者保龄球状的肥料插到土中（见上图）。用量的多少取决于植物和花盆的大小，用量信息也可以在包装袋上找到。如果使用的是长效肥，肥效可以持续 10 周（视对象而定）。但是这种肥料有个小缺点，就是和很多养料一样它会慢慢挥发，挥发的速度与气温和基土的湿度有关，所以几周内肥料就挥发完了。一旦植物长势很喜人，几周之后花朵却突然没有那么艳丽了，或者有黄叶，那就急需添加液体肥。液体肥料含矿物质或有机物，或两者兼有，每周可以额外多浇 1~2 次，这样有利于植物很好地吸收肥料。液体肥特别适用于一年生植物，比如牵牛花或者小花矮牵牛以及那些对营养物质需求量较大的植物，比如番茄、西葫芦。水果和景观植物以及很多蔬菜、半灌木（见 46 页）多数情况下对营养的需求没那么旺盛。植物生长的旺季施加几把堆肥或者一点长效肥就够这些植物生长了。请注意，施肥时不要迷信“越多越好”，频繁施肥会导致出现海绵状的腐烂组织，这样害虫和疾病就会乘虚而入。此外，蔬菜和木本植物同样可以使用普通的花肥。不过对于柑橘类植物和蔷薇科的植物来说，最好还是选择专用肥，比如绣球花和黑莓。

乐趣多多：健康的花盆居住者

预防胜于补救，这一点也适用于盆栽植物。好消息是，一般而言，对盆栽植物的防护比一般正常花园的防护都要简单一些，甚至还能带来很多乐趣。

带上花盆、土壤以及其他杂七杂八的东西爬上十几层楼一定会累得气喘吁吁，但是这样却能使植物免受害虫的侵扰。脆脆的生菜就不会再招惹蜗牛，看到这么高的高度，危害胡萝卜的小飞虫也只能善罢甘休。同样，这也适用对付杂草，虽然肯定会有少量的草籽会被吹到阳台或者房顶上，但是通常它们都找不到扎根的地方，即使找到了扎根的地方，在一览无余的小花园里它们也会被很快铲除掉。即使是在后院，瓶瓶罐罐也会使这些闯入者很难生存。

厨师爱香味，对于害虫而言，药草的香味却让它们敬而远之。

奋起反抗！

此外，你还可以主动地为植物的健康生长做点什么，这种准备可以从选择品种开始。不论是果木、蔬菜还是观赏植物，对一些典型的疾病很多品种都是有抵抗能力的。如果在购买前能有针对性地选择有抗病能力的品种，就会少很多麻烦。基本的准则就是，精心培养的植物更不容易感染疾病或者虫害。自制或者购买的问荆、艾菊或者荨麻的植物萃取物有同样功效，只要剂量正确就行。对于花槽而言，混合耕作的方式很值得一试，但请你尽可能避免把品种相近的植物并排种植，或者一前一后种植，因为这样会吸引同一种害虫。很多药草也能保护植物，因为它们的气味会使很多害虫退避三舍，敬而远之。比如豆蚜就受不了香薄荷的气味，危害胡萝卜的小虫则会躲开大蒜的气味（见图）。

做好卫生工作也是另一个十分重要的方面。当然，你不用担心是不是每天都必须带着这些心爱的盆栽植物们去淋浴，你需要做的仅是隔一段时间清洗一

次工具，并用酒精消毒。特别是剪刀，因为每一剪都意味着一个伤口，细菌、病毒以及真菌很容易进入伤口。如果刚好用剪刀修剪过一株生病的植物，然后再用这把剪刀去修剪健康的植物，这肯定是十分愚蠢的做法。此外，在浇水时，你最好直接浇到土壤里，而且不要把花盆摆放得那么密集，这样植物才能保持干燥，在大雨灌溉后才能尽快晾干，避免长期浸泡在水里。这种做法有很多好处，因为很多病原体都是在潮湿环境下不断滋生和繁殖的。

团队合作

只要看到叶子上的蚜虫，园丁们就会咬牙切齿，有些人恨不得把它们给吃了，因为这些幼虫（如瓢虫、草蛉以及伪装成黄蜂的食蚜虻）会蜂拥而至，吸干植物中的汁液。不要让革翅目昆虫错过这场盛宴。让革翅目昆虫受到热情的招待吧，或者为它们搭建特定的温馨小窝，以吸引它们入住你家阳台。木棉填充的陶盆、一捆芦苇秆或者钻了洞的木材都可以被拿来利用，同时还能为野生的蜜蜂提供一个小小的舒适的住处。形态各异、各具特色的昆虫酒店现已开始发售。

紫菀花会吸引大量的益虫以及美丽的蝴蝶前来。

自建的昆虫酒店可以给益虫提供一个栖身之地。

健康检查：出现紧急情况

虽然我们尽可能小心谨慎，但是有时还是会遇到虫害。下面这些很重要的建议能帮助你避免自己的盆栽花园变成重灾区。

本来园丁们应该喜欢蚜虫才对，因为贴近这些小植物一看，你就能找到它们（见下图）。然后，你就可以用浇灌园地用的长橡皮管直接喷射那些吸取植物汁液的昆虫，或者把花盆放在淋浴头下冲洗。如果你对这些虫子并不感到很厌恶的话，最简单的方法就是用手抓虫子，当然你也可以选择戴上手套。基本的规律就是：经常近距离观察自己种植的植物的人，能提前意识到虫害和疾病，所以也就能更好地控制局面。

如果玫瑰遭到害虫的侵扰，你可以用高强度的水柱把它们喷射走。

隔离患病植物

那些看起来有些“奇怪”的植物，为了谨慎起见你还是应该把它们与其他的植物隔离开。紧接着，你可以研究一下这些绿植到底怎么了。或者你可以把患病的植物或者植物遭害虫侵害的部分拍个照拿到当地花卉市场去，那里的专业人士会帮你解答疑问，告知你那可怜的植物到底怎么了。如果担心全爪螨会肆意攻击你心爱的绿植，那你就要提早采取应对措施。这种小生物特别讨人厌，因为它体型特别小，只能通过放大镜才能观察到。如果植物明显地出现大量叶子脱落的现象，那你就该仔细观察一下了，虽然这时植物看起来还没有干枯。如果有光泽的叶面上出现了很多微小的斑点或者已经有了很小的网状东西，那一定是那些令人厌恶的全爪螨在作怪。全爪螨喜欢干燥的环境，所以在发病的起初阶段冲洗脱落的叶子是有作用的，然后可以每天用喷雾瓶喷雾浇灌。如果叶子脱落得比较严重，那还是推荐你使用性质温和的油菜药剂或者印度楝制剂。此外，这两种药剂还对驱赶其他

定期洒水，全爪螨肯定不喜欢，但是会对植物有益！

草莓下面的麦秆层可以预防灰霉菌造成的落叶。

吸蚀类的昆虫有很好的作用，比如白蝇。白蝇喜欢潜伏在家里的黄瓜叶背面，这不是个大问题，只有当数量较多时才会造成麻烦。为了避免叶子大面积凋零，你可以用自制肥皂水来除虫，1 升水中加入 20 克钾盐肥皂。如果有藏在毛发或者蜡版下面的粉蚧虫或者蚧虫，你可以额外再添加 20 毫升的酒精进去再喷洒。但是在你使用一种植物杀虫剂或者家用杀虫剂前，你应该再三斟酌一下，也可以去园艺店、花园建造协会或者类似的机构咨询一下。绝大部分业余园艺爱好者都不愿意给水果或者蔬菜作物喷洒农药，因为果实都是从枝头直接落到自己的餐盘里的。此外，那些杀虫剂毫无例外地也对其他生物有害。在产品包装上最常被印出来的文字就是“对蜜蜂无害”或者“对益虫无害”，不过这些标示也都是相对的。植物杀虫剂并不能消灭根源，产生虫害的原因可能是不利的位置、养护失误或者天敌缺失（见 20 页）。

就细菌、病毒而言，预防是最重要的，我们还是有很多事情可以做，比如清理凋落的植物残枝，还可以修剪那些貌似仍然健康的组织，或者彻底清理家庭垃圾。也推荐你用这种方式来预防病菌，比如粉霉病，这种疾病只有当植株出现白色的膜时才能辨认出来。此外很多的真菌疾病也可以用这种方法预防，比如臭名昭著的凋萎病、褐腐病（见 92 页）。

花盆园丁的基本装备

适用于所有阳台园艺者：如果用同样的钱可以买到很棒的植物，那为什么还要投资去买园艺工具呢？！在同样的前提下，去参观园艺中心也会带来双倍的乐趣。

草坪修剪机、翻土机、独轮车和修枝剪，这些东西你都不需要！确切地说，要想开始你的花盆园丁生活，只需要喜欢栽培植物，对新事物感兴趣并富有尝试的勇气，再加上一点点的创造力就可以了，除此之外什么都不需要。虽然有一些基本设备能在一些工作上减轻你的负担或者有助于减少手脏的次数，帮你节约肥皂，不过即使是在学生宿舍，一般而言，你也能找到相应的替代工具。洒水壶？这个你可以用空酒瓶或者量杯来替代。只有小铲子才能往酸奶杯或者水果箱中装土吗？不，我们的双手是留着做什么的？！用来松土的耙、移植幼苗的细木条（见 34 页）都必须要买吗？不，用勺子来做这些工作的话效率甚至还要高两倍。

手边没有花盆？你可以直接把西红柿种在装土的袋子里。

既好用又实惠

右边的表格里罗列的东西都是你手边就能找到的，而且是十分有意义又很重要的东西。当然置办这些东西并不需要你拿出所有的零花钱。这些最经济实用的替代物和市场上买回来的那些昂贵的工具一样能满足你的需求。唯一一件不应该省钱的工具就是修剪花草的剪刀。当然，你用家用的剪刀也还是可以剪一些葱回来的。但如果是定期都要修剪的玫瑰、桶装植物和莴苣之类的，那么就需要一把真正好用的修枝剪。这种修枝剪修剪中等大小的嫩芽和修剪细树枝一样锋利。弯口大力剪用途广泛，最值得推荐：它的两个刀刃就像家用的剪刀一样交错滑过，特别适合修剪软软的嫩芽以及中等大小的枝芽，用这种修枝剪还可以避免植物挫伤。

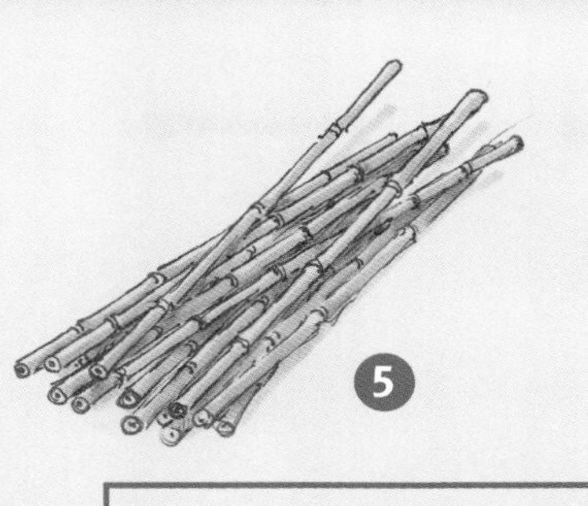

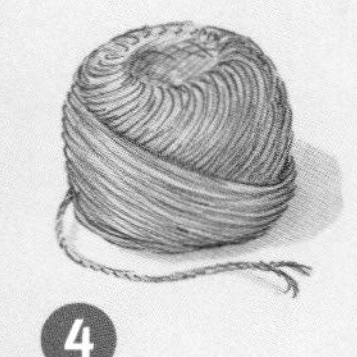

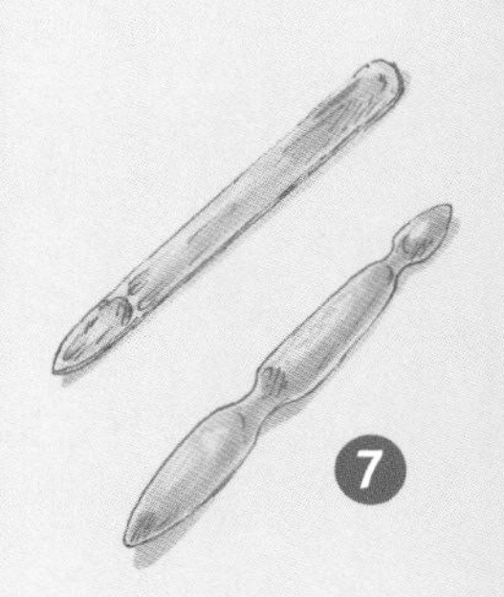

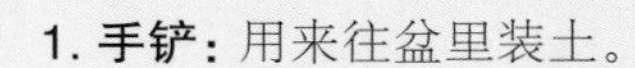

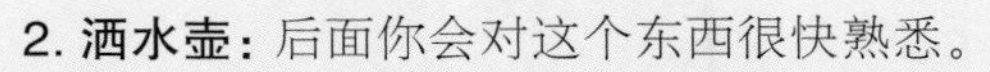

1. **手铲：**用来往盆里装土。

2. **洒水壶：**后面你会对这个东西很快熟悉。

3. **修枝剪：**很多园艺工作者的朋友和助手。

4. **捆扎材料：**从黄麻线到带有橡胶皮的金属线都可以用来捆扎植物，同时又不会弄断嫩芽。

5. **竹棍：**这种经典的工具可以用来支撑植物，自己动手做成藤架也很适合。

6. **手耙子：**如果花盆中的土壤已经有些板结，可以使用这种工具来松土。

7. **尖头短木棍：**拿起这个工具，你可能就会感觉自己似乎像个真正的园艺师了。亚洲小餐馆里的筷子或者勺子柄也可以起到相同的作用。

8. **筛子：**可以用这个工具在土上薄薄地撒一层种子。

9. **喷水壶：**播种之后用来湿润土壤。用喷水壶可以避免把种子冲掉。

10. **容器：**不管怎样，土壤和植物都要放入容器中。

11. **种植托盘：**能保持阳台或厨房餐桌的干净整洁，在植物运输的过程中也能保持汽车的清洁。

12. **手套：**手套一定要合手，否则手会感觉不够灵活。

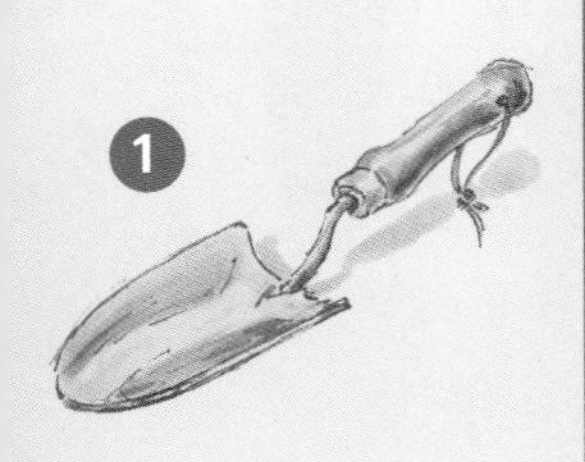

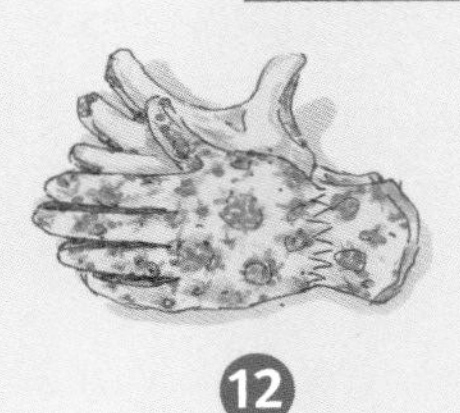

春天

就是这个大好的时节！冬天终于过去了，每个清晨鸟儿欢唱着向我们问好，太阳的笑脸在湛蓝的天空中绽开。花园市场上五颜六色的种子袋使你跃跃欲试。唯一的问题：到底该种哪种植物呢？

期待……春天的小清新！

迷你型鳞茎花卉

哎哟，好可爱啊！

你需要：鸡蛋托盘 * 鸡蛋 * 苔藓 * 鳞茎花卉，比如雪花莲、麝香兰、番红花。

1. 打破鸡蛋，只留蛋壳，把打好的鸡蛋放在冰箱里备用，蛋壳用热水彻底冲洗。

2. 在鳞茎花卉上裹上苔藓，在这之前你可以把苔藓沾湿，然后作为一个整体小心翼翼地放入蛋壳。

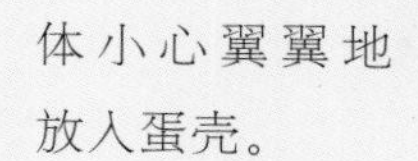

3. 把蛋壳花瓶放置在鸡蛋托盘上。如果喜欢的话，也可以用苔藓再装饰一下鸡蛋托盘。但请不要忘记把冰箱里打好的鸡蛋做个炒蛋，并端到精心装饰过的餐桌上享用。

瓶装风信子

DIY 的幻想催花开

你需要：风信子种球 * 容积大约为 0.5~1 升的 PET 塑料瓶 * 剪刀

1. 去掉瓶盖，瓶子剪掉一半，把瓶子的上半部分包括瓶颈反过来插入瓶子的下半部分，水装至瓶子下半部分一半的位置。

2. 将种球放置在倒置的那一半瓶子里，注意种球不能直接与水接触！在根须长出来之前需要避光静置，理想温度是 8° C 左右。

3. 根须长出来之后，适合放在有光的温暖的地方，但是不要直接放在暖气旁。不久之后，种球就会冒出叶子并开出芬芳的花朵。

黄花柳、报春花搭配种植

快速制成法

你需要：1 根黄花柳小树干 *1 个花盆 * 3~5 株报春花（视花盆大小而定）* 栽花的土壤 * 喷水壶

1. 先在花盆里铺上排水层并且加上一些土，然后把黄花柳的小树干放入盆中。

2. 在周围填充上土壤，根一定要深深地掩埋在花盆中，这样报春花才能很舒适地种植在它上面。但还是要预留 2 厘米的高度以便于浇灌。

3. 最后浇水，这样植物才能很好地扎根。这样就算完成了。

水芹面包

用自己种植的水芹制成的面包

配料： 盘子或者碗 * 2~3 张厨房纸巾或者一些药棉 * 水芹籽 * 装有水的喷水壶

1. 在盘子上铺上一些药棉或者叠好的纸巾，并加水湿润。

2. 在上面均匀地撒上相同厚度的水芹籽，然后喷上水，接下来的几天里使其保持湿润。

3. 最迟一周之后你就可以用剪刀剪掉嫩芽。在新鲜的面包片上涂上蘸过盐的黄油或者新鲜的奶酪，之后把这些嫩芽洒在面包上就可以开始享用了。

涂色鸡蛋

当然用纯天然的色彩

你需要： 红紫罗兰色：红菜头皮或者 1 把紫甘蓝叶 * 棕色：洋葱皮或者咖啡渣 * 绿色：菠菜或者欧芹（法国香菜） * 黄色：姜黄

1. 将配料加水煮 30 分钟左右，然后将鸡蛋放入水中再煮 10 分钟。

2. 水中加入少量食醋色彩会更浓烈，用腊肉皮或者油涂抹鸡蛋会使鸡蛋皮更有光泽。

3. 1 升的水中需要加一份配料。如果使用从超市购买的姜黄，20 克即可。

熊葱酱

采自阳台的新鲜熊葱

配料（两人量）： 1 把熊葱 * 100 克松子仁 / 磨碎的杏仁或者榛子 * 75 毫升橄榄油 * 盐 * 胡椒 * 50 克巴尔马干酪或者佩科里诺奶酪

1. 把熊葱洗净，轻轻擦干。

2. 把油、松子仁或者磨碎的杏仁或榛子一起放入搅拌器中搅拌均匀。

3. 加入盐和胡椒调味。

4. 把奶酪擦碎并添加进去。

5. 在盐水中煮 200~300 克意大利面，直到尝起来很筋道为止。在倒面汤时注意留一些备用。

6. 在面中加入熊葱酱，然后浇上一点面汤。

7. 建议：只需要预留一部分熊葱和橄榄油混合制成熊葱酱，剩余的装在之前就弄干的带螺旋塞的玻璃瓶中。加入油的熊葱酱可以在冰箱里保存数周之久。其他的配料可以在食用之前添加进去。

育秧：适合缺乏耐心者的闪电入门

热情高涨数周的园丁们都已经手痒痒了：什么时候才能开始播种呢？幸运的是，植物中有一些适合早早播种的品种。

如果窗台能摆满育秧的碗或者小花盆，那一定感觉棒极了。但是，是不是有一些植物需要特别照顾，而另外一些植物就可以直接种在露天园圃里呢？首先这与植物的来源有关。比如番茄来自南美，对它们而言我们这儿的夏天太短了，以至于它们都不能开花结果，所以我们就应该把它们种植在温暖的室内。五月底之后才可以搬到户外去，因为那时候户外夜里才没有霜冻。在这之前，番茄已经长到一定的大小了，搬到屋外能加速它们的生长。类似的还有菜椒、茄子和黄瓜。但是很多其他的植物却适合早点儿进入户外环境，比如豆子、生菜和卷心菜。因为在户外生存可以使它们免受虱子和蜗牛的侵扰而茁壮成长，直到它们长到一定的高度，才能更有抵抗力。

在有机可降解的小花盆中种些西葫芦、黄瓜和番茄。之后你可以把它们移栽到其他地方，而且不会损伤到它们的根部。

光明时刻

三月初就可以开始种植生菜、菜椒和球茎甘蓝了。不要早于这个时间播种，即使只是早了几天也不行，因为这样可能会造成植物有更多的生长需求，但是却由于缺少足够的阳光而影响最终的生长。二月底之前窗台上还没有足够的阳光可以供给植物生长，这样就会造成幼苗向光生长，最后长出来很不自然的细长的茎干。这样的茎干不够稳固，对病

纸钵：自己动手用报纸就可以制成一个小小的花盆了。

种植盆放置在越明亮的地方幼苗生长得就越好。

番茄的播种时间较早，这样果实才能在秋季到来前完全成熟。

虫害的抵抗能力也不强。而在温室中一切看起来就都不太一样了，因为在那里光是从各个方向照向幼苗的，而且那种特殊的玻璃不像普通的窗户玻璃会吸收很多光线。

建议：市场上有那种适合庭院或者阳台使用的小型温室出售。当然如果三月中旬开始窗台上空间不够用，也值得买一个这样的迷你温室。这样你就可以请番茄、药草以及向日葵和半灌木类的植物，比如角堇和西洋樱草（见 42 页）进入你的植物幼儿园了。

种植番茄或者其他中等大小的植物的种子时，你可以把 3~5 颗种子种在一个小花盆里，比较弱小的幼苗可以之后再拔除。种植黄瓜、南瓜和不太需要人照顾的西葫芦是特别简单的事情：它们的种子都很大，你只需要在四月中旬时把种子单独种在一个小花盆里就行。像蓝钟花或者其他种子很小的植物，你需要在一个比较大的播种盆里大面积播撒，发芽之后再把那些长势最好的幼芽挑选出来。此外，如果想要植物结籽后预留种子来年再种，最好还是选用那些可以留种的品种。这些品种长出来的籽有相同的特性，来年可以用作种子种植。相反，那些所谓的杂交 F1 代虽然表现十分出色，开花和结果十分丰富，但是下一代并不能遗传这种基因，所以不适于留作种子。

再循环英雄：罐头蔬菜公司

如果番茄、生菜和蜀葵也可以在酸奶瓶和鸡蛋纸板盒上繁茂生长的话，那我们为什么要买栽培植物的花盆呢？下面的点子可以帮你找到物美价廉的容器。

对植物种植很有意义的附属装置有很多。比如，椰子制成的小花盆。这是一种被挤压成片状的椰子基质，放入水中会吸水膨胀，可以直接用来播种植物。或者育苗穴盘，看到它你可能会想到松饼烤盘。你可以根据它的大小给很多的幼芽提供育秧的空间，之后再从穴盘上把这些幼芽移植出去。当然也可以不移植，特别是那些初学者，他们通常不想把这些小植物拔掉。

不花钱，但并不会徒劳无功

洗干净的酸奶瓶完全可以用作栽花的容器——事实上所有之前盛放食物的东西都可以用来种植植物。装奶或者装鸡蛋的盒子、剪开的PET塑料瓶都可以像罐头瓶一样用来种植植物(注意，请先用开罐器去掉边缘遗留下来的比较锋利的部分，再用它来种植植物！)。总体而言，所有的容器都应该在使用前彻底清洗干净，不要忘记再钻一个渗水的孔。在塑料制品上钻孔时，一般用锋利的刀尖就够了。如果是罐子（如图），那你需要一个手摇钻或者小电钻。然后，在容器上贴上标签，这样就可以了。愿意亲自动手做事的你，还可以尝试一下纸钵。使用一般常见的报纸就行，不要用彩纸或者油光纸，把报纸剪成8厘米

塑料瓶可以在窗边以及窗外为你打造一片额外的种植天地。

罐头瓶以及其他可回收的容器不仅能为你省钱还不会破坏环境。

速成教程

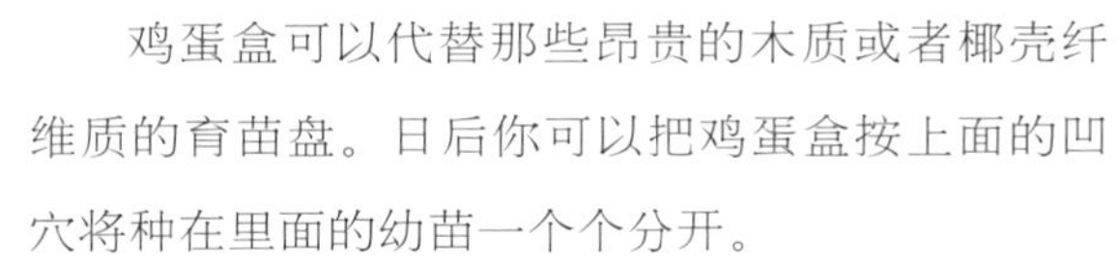

迷你温室：

鸡蛋盒可以代替那些昂贵的木质或者椰壳纤维质的育苗盘。日后你可以把鸡蛋盒按上面的凹穴将种在里面的幼苗一个个分开。

* 把鸡蛋盒里填满土，将种子撒在土上，比如西红柿或者向日葵种子。

* 然后你可以将鸡蛋盒的四角和中间的棱柱插上木棍(超市有售)。中间的那些小木棍(2~3 根)应尽量凸出一些，这样冷凝水才会向角落流淌。

* 现在你可以把塑料薄膜拉紧绷在上面。每一根小木棍上套一小段软木塞，以防止把薄膜划破或撑破。

宽的纸条，然后紧紧地缠在一个饮水杯上。杯子的直径越大，纸钵花盆制成后的稳定性就需要越强，那报纸条就得越长越好。缠绕好后把杯子从纸筒中拉出来一点，然后把余出来的纸折叠在杯子底部。之后把整个杯子拿出来，把纸筒上沿部分向内折进去，然后在纸罐里装满种植植物的土壤。到了种植的季节，可以直接把纸罐一起放到土壤里，也可以用木质的或者椰子纤维制成的可降解的罐子代替纸罐来种植。这也是一种物美价廉的选择。

“窗户农场”[①]也可谓是一种艺术。PET 的塑料瓶、灌溉水管和线束扎带是你创建自己的无土栽培系统的基石。像窗帘一样，你可以把这套装置安装在窗户上。然而想要构建一个这样的装置还是需要一些手工技能的。比较简单又独特的做法是：把单独切开的 PET 塑料瓶作为迷你植物吊篮挂在窗帘杆上。

---

① 窗户农场：在窗旁设置的小型垂直式水栽菜园，用来种植草本植物及蔬菜等农作物。

循序渐进：播种和疏苗移植

耶，马上就要开始大干一场了！在正式开始之前，还是先告诉你一些有关播种及其所需设备的相关建议和窍门，这样你才能旗开得胜。

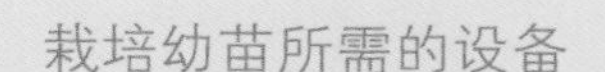

栽培幼苗所需的设备

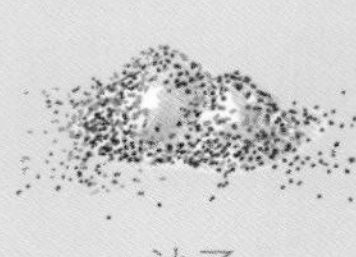

播种容器　栽培土壤　种子　沙子　筛子　喷水壶　疏苗移植的木

1 在用土装满这个盘子后，就可以开始播种了。对于特别袖珍的种子，我会在土里混合上一些沙子，让种子播撒得更均匀一些。

从容器到筛子，这些东西都可以不用买，直接从厨房拿来用或者借一下邻居的沙箱。在播种时这些设备都可以临时准备即兴发挥。但是土壤却不能随意：普通的花卉土壤已经含有肥料，本来是很实用的，但是这些营养盐却会灼伤娇嫩的萌芽。为了安全起见，你可以选择那些肥效弱的土壤来播种。同样需要清楚的是：喜阴的种子，比如黄瓜种子，最喜欢在土里发芽，种植深度宜深不宜浅。但是生菜的种子以及其他喜阳植物的种子只需要轻轻按压到土壤里或者在种子上覆盖一层薄薄的土就可以。几天之后或者几周之后，不论是喜阴的还是喜阳的植物都会长出子叶。发芽所需时间的长短取决于植物类型。紧接着就会长出第一批新叶，这时候幼苗就需要更多的生长空间：你可以进行疏苗移植，也就是把幼苗分开。

为了使种子与土壤更好地接触，我会轻轻按压一下土壤，这样种子发芽会更快。

为了避免种子被水冲走，浇水时我使用的都是洒水壶或者带喷头的浇水壶。接下来的几周里要确保土壤不会干透，如果不想每天都浇灌的话，可以在花盆上绑上一层透明塑料薄膜。

加油：除了子叶之外你还可以看到真叶。这时我就会用疏苗移植用的木棒、勺柄或者筷子给这些小植物搬家，把它们搬到一个大一点的容器中。

最好的蔬菜——屡试不爽

西红柿 / 番茄

J F M A M J J A S O N D ☼

种植深度：0.5 厘米

种植间距：60 厘米 × 80 厘米

养护：浇水时，每周施加两次液体肥料。叶子一旦被浇湿就会引起烂根或者枯萎病，所以最好将叶子保护起来。掐掉那些茎叶间长出来的嫩枝。种植西班牙番茄（Stabtomaten）的话你最好还是给它支个架子。

品种：“玛缇娜（Matina）”是一个很适合留种子的品种。F1 杂交种（见 31 页）“繁塔斯阿（Phantasia）”也特别粗壮。

附加建议：一些鸡尾酒用番茄，比如醋栗番茄，它们在植物补光灯的照射下长势良好。

露天黄瓜

J F M A M J J A S O N D ☼

种植深度：2 厘米

种植间距：80 厘米 × 40 厘米

养护：定植后培土，这样有利于形成更多的根系。把嫩枝牵引到藤架上，剪掉第一个叶芽旁边长出的侧芽。让土壤保持适度湿润，否则结出来的黄瓜会有苦味。每周施加两次液体肥料。

品种：“钻石 F1（Diamant F1）”产量很高。“谭雅（Tanja）”是一个适合留种子的品种（见 31 页）。

附加建议：迷你黄瓜，比如粗壮的 F1 杂交种“迷你星（Ministars）”最适合使用植物补光灯。

西葫芦

J F M A M J J A S O N D ☼

种植深度：2 厘米

种植间距：100 厘米 × 100 厘米

养护：五月初到五月底都适合播种。浇水要均匀，每周使用两次液体肥料。只要有一个果实长成，就需要把挨着的花朵摘掉，这样才不至于出现腐烂现象。长大至 15~20 厘米时就可以采摘了。

品种：粗壮的“薮拉伊（Soleil）”结出来的果实呈黄色。“菹波大（Zuboda）”适合留种子。“黑森林（Black Forest）”喜欢生长在藤架边。

附加建议：花朵可以做馅或者煎炸做成精致的美食。

= 育秧　= 种植时间　= 收获　☼ 光照

菜椒

J F M A M J J A S O N D

种植深度：0.5 厘米

种植间距：50 厘米 ×60 厘米

养护：最好种在避雨处，浇水时不要把叶子打湿，让土壤保持适度湿润，每 2 周使用一次液体肥料。

品种：根据颜色，菜椒分为绿色、奶黄色、黄色、橘黄色或者黑色，都可以食用，且成熟后都呈红色。黄色的“多样 F1（Multi F1）”可以抵抗害虫，“马尾哈斯（Mavras）”色泽黝黑。

附加建议：五月份时请你折断第一个花苞，也就是所谓的“头花”，即形成的第一朵花，这样可以促进果实的形成。

土豆

J F M A M J J A S O N D

种植深度：7 厘米

种植间距：30 厘米 × 70 厘米

养护：如果植物有 15 厘米高的话，将土堆至子叶位置，让土壤保持适度湿润，在浇灌时尽量避免打湿叶子。

品种：“萨拉德蓝（Salad Blue）”的花、皮和果肉都呈紫罗兰色。“班贝克的小牛角（Bamberger Hörnchen）”是那种口感十分细腻的土豆。

附加建议：在种植前四周开始让土豆萌芽，然后把土豆插入有沙子的混合肥料中，深度不超过土豆块茎的一半，这样可以加快生长速度，增强根茎抗腐能力。

辣椒

J F M A M J J A S O N D

种植深度：0.5 厘米

种植间距：50 厘米 × 60 厘米

养护：和菜椒一样，绝大部分的辣椒都是多年生植物，如果屋里足够明亮和凉爽（10°C），它们是可以过冬的。过冬时通常用蒸馏水浇灌，这样能预防棉红蜘蛛。

品种：微辣型“弩奈克斯日出(Numex Sunrise)”呈黄色，开白花。辛辣型“黑色纳马夸兰（Black Namaqualand）”呈黑色，开紫罗兰色的花。巨辣型“热纸灯笼（Hot paper Lantern)”呈红色，开绿白色花。

附加建议：辣椒可以穿成串挂在温暖的半阴凉的地方风干，或者剁碎后冷冻。

开始启动！春花烂漫好心情

色彩，色彩，还是色彩，这些就是厌倦了冬天的人所需要的！说干就干：鳞茎花卉和各种各样春天盛开的花朵，你要什么就有什么。

春天来了，这是一个值得庆祝的季节——最好的庆祝方式就是接一点春色回家。但是你要经得住诱惑，不要在三月或者四月就去买矮牵牛或者其他种植在温室中的植物。这些植物本来在初夏时才会隆重登场。春天时气温起伏不定，有时温差很大，如果新芽因为晚霜受损那就太可惜了。这也适用于很多桶装植物，这些植物要在温室里待到冰神节（见 70 页）过后。但是在城里或者阳台上你还是拥有一个决定性的优势：这里的温度由于密集的建筑而比周边区域高。如果你已经把小橄榄树放在了外面，或者你担心那些很早就已经开花的矮毛桃受罪，那么这种担心都是多余的：墙边能较好地保护植物免受霜冻的侵袭。只有当预报说气温低于零度时，为安全起见，你才需要在植株顶上罩一个植物纤维网。

在高约 15 厘米的“说悄悄话的水仙（Tête-à-Tête-Narzissen）”丛中，风信子释放着它浓郁的芳香。

容易养护的花朵

你可以在花箱、花桶里种上五彩缤纷的鳞茎花卉和各种春天开放的花，这些花可以完美地装点整个季节。半灌木（见 46 页）毫无疑问也是可以种的，比如南庭芥、屈曲花、香雪球以及南芥。它们可以装点你的阳台。如果需要的话，几年或者每年开过花后可以将它们剪短三分之一，这样就可以保证来年花团锦簇。最讨人喜欢的还有角堇，很多阳台园丁只养了一年的角堇，但是令人惊奇的是，很多角堇都活了下来，很多品种甚至可以过冬。这些植物几乎不需要人照顾。一旦长出了新叶或者你认为植物偶尔需要浇灌了，就可以用小耙子或者叉子在土里混合一些混合肥料或者长效

连同花盆一起放到花箱里，之后，你就可以很容易用夏天开花的植物来替换鳞茎花卉了。

肥，特别是在干燥的春天或者花桶放在室内时。相反，对于鳞茎花卉而言只需要担心一点：水流不畅造成的烂根。如果让周边的土壤保持持久湿润的话，番红花、绵枣儿、郁金香等植物就能或多或少地从粗壮的地下球茎或者腐烂的球茎中获取能量。所以你最好在种植时就铺设2~3厘米厚的沙层，这样多余的水就会流掉。鳞茎花卉的最佳种植时间是秋季（见122页和126页）。

春天时商店里各种开花植物已经是琳琅满目了。每周给郁金香、水仙浇水时可以施加一次液体肥料。开花后所有鳞茎花卉的花序都需要剪掉，但是不要

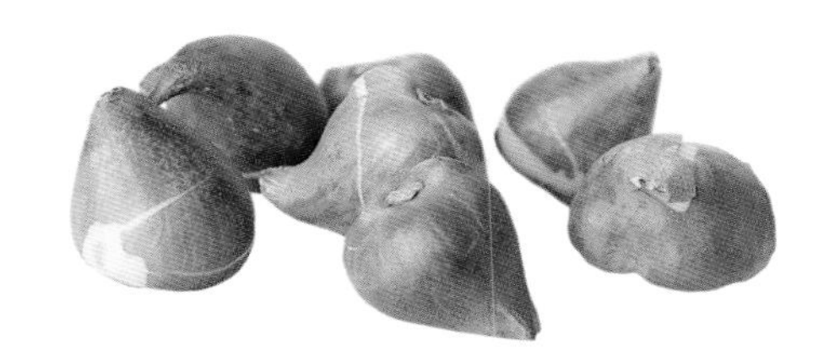

剪掉叶子，因为植物还需要从叶子中吸收营养物质，在种球中储存来年的营养物质。只有当叶子干枯时，才可以去除掉叶子。如果干枯的叶子干扰或者占用过多花箱或者花桶里的空间，你可以把植物移出来，放在干燥的地方，一直放置到秋天，之后再重新把它栽种起来或者送给有花园的人种植。

最好的鳞茎花卉——屡试不爽

郁金香

J F M A M J J A S O N D ◑ ☀

种植深度：10~20 厘米

种植间距：15~20 厘米

品种：花园种植的郁金香除了蓝色外还有其他颜色。绿色系的郁金香花瓣上带有部分诱人的绿色。鹦鹉型郁金香的花朵随意地散开着，通常都有多个颜色，高度在 30~60 厘米。

附加建议：郁金香种植的深度不应该低于种球纵向直径的三倍。野生的郁金香，比如迟花郁金香（*T. Tarda*）种植深度为 10 厘米，考夫曼郁金香（*T. Kaufmanniana*）为 20 厘米，福氏郁金香（*T. Fosteriana*）为 40 厘米。这些植物很适合在自然环境下生长，在这种深度可以活很久。

水仙

J F M A M J J A S O N D ◑ ☀

种植深度：15~20 厘米

种植间距：10~15 厘米

养护：当水仙长到 10 厘米高时，每周施加一次液体肥料。

品种：很多色彩多样的品种都会呈现渐变色彩，从纯白到奶油白，从杏黄色到亮黄色。诗人水仙（Dichter-Narzissen）四月开花，算是开花较晚的品种，花香袭人。

附加建议：当水仙开出第一朵黄花时，就可以剪下来插在花瓶里了。因为水仙会分泌出对其他植物来说有毒的乳白色汁液，所以你可以先把它单独放在一个容器里静置一天，然后再在花瓶中加上清水和其他花朵一起插进去。

番红花

J F M A M J J A S O N D ☀

种植深度：7~10 厘米

种植间距：10 厘米

品种：番红花有很多不同的种类，比如白色的、黄色的还有紫罗兰色的。“三色番红花（Tricolor）”集这三种颜色于一体。“皮克威克（Pickwick）”这个品种的花瓣带有白紫色，引人注目。远远地就可以看到闪闪发亮的“黄巨人（Gelbe Riesen）”，它的花朵呈金黄色。野生品种的花要小很多。

附加建议：以小簇形式种植的番红花是秋天开花的品种，虽然不那么出名，但是确实很漂亮，比如草地番红花（Safran-Krokus），从它的花蕊中甚至还可以提取昂贵的调料。

■= 育秧　■= 育秧　☀ 育秧　◑ 育秧　● 育秧

雪花莲

J F M A M J J A S O N D

种植深度：10 厘米

种植间距：10 厘米

养护：只要把雪花莲静静地放着就行，甚至不需要施肥，因为额外的营养物质会促进叶子的生长，这将会影响花朵的形成。最好是每个小盆里栽种一株。

品种：“丛林银莲花（Flore pleno）”花团锦簇。“雪滴花（Viridapice）”花尖呈浅绿色。

附加建议：雪花莲气味芬芳，如果屋子里有这种花，会十分引人注意：秋天种在盘子里，霜冻开始时就可以把它避光放在阴凉的地方。最早 2 周之后再把它移到温暖明亮的地方，土壤要保持湿润。

葡萄风信子

J F M A M J J A S O N D

种植深度：10 厘米

种植间距：10 厘米

品种：“阿布木（Album）”在二三月份开纯白色的花朵；“蓝珍珠（Blue Pearl）”三四月间开深蓝色的花朵；四月时美如画的杂交品种“欧薄荷（Peppermint）”开浅蓝色的花朵。粉红的“粉色日出（Pink Sunrise）”以及蓝底白尖的“胡德雪山（Mount Hood）”随后渐次开放。

附加建议：大家最翘首企盼的是束毛串铃花（*Muscari Comosum*），它的叶尖上装饰有皇冠状的花冠，很适合盆栽。所有的葡萄风信子插在花瓶里都十分漂亮。

风信子

J F M A M J J A S O N D

种植深度：10~15 厘米

种植间距：10~15 厘米

品种：风信子标准的颜色应该是粉红色、白色和蓝色。“哈莱姆城（City of Harlem）”颜色甚是夸张，呈浅黄色；“吉卜赛女皇（Gipsy Queen）”呈橙红色；“伍德斯托克（Woodstock）”呈紫罗兰色。三色花球很适合装点阳台的桌子。在屋里的风信子开过花后，你可以把它移植到户外。

附加建议：通常那些繁茂的、花香浓郁的花朵很重，以至于植物茎干存在被压断的危险。可以在土里插上平滑的木棍或树枝来支撑茎干，这样也不会特别显眼。

精挑细选——报春花

报春花一定不能缺席春天的阳台。报春花品种丰富，色彩多样，只有确切地知道这些，那才叫真正地不辜负春的阳台。作为春的发现者，报春花邀你一起开启春天的记忆之旅。

欧报春

有很多颜色艳丽、花朵茂密的种类，3~4月开花。不能让土壤缺水，定期清除凋谢的花朵。

层状报春花

层状排布的花朵有黄色的、橙色的、玫瑰红的，7~8月开花。需要在半阴凉的地方和阳光处交替放置，土壤保持轻度湿润。

球花报春

繁茂的花球盛开于每年的3~5月。最佳生长条件是，静置于半阴凉的地方，土壤保持轻度湿润。颜色有白色、淡蓝色、蔷薇色和粉红色。

莲香报春花

这种植物喜阴，要让土壤保持干燥或者轻度湿润，但是不能种植在营养物质含量很高的土壤中。四五月间开金黄色的花朵，花香醉人！

高茎报春花

本土的品种需要在半阴凉的地方和阳光处交替放置，三四月间芳香的花朵呈现耀眼的黄色。微湿的土壤利于生长。

巨伞钟报春

钟状的花朵在6~8月盛开，茎干高达70厘米，这种植物喜欢轻微湿润的土壤。

高穗报春花

形状似火炬，颜色浓郁的花序在六七月间彰显异域特色。偏好半阴凉的地方，土壤不可缺水。

耳状报春花

花朵呈多种色彩，每年四五月间盛开。光线良好的阴凉处是最佳选择，避免阳光直射和渗水性差造成的积水。

造型：金点子新鲜出炉

只要一感觉到白天明显变长了，那你就可以开始用与春天有关的一切事物来装点阳台以及类似的地方了。想在早午餐时和朋友一起享受阳光浴，我们并不需要一直等到复活节。

甩掉冬天里一切灰不溜秋的东西！把阳台上用的家具从地下室搬出来或者刷洗过之后，或者把去年秋天最后一片干枯的落叶扫起后，就可以开启春天的时尚使命了。如果希望富有活力，可以挑选那些颜色艳丽、不同寻常的花盆。旧式的雨靴和色彩艳丽的塑料袋子最适合用来种植郁金香、水仙和风信子。

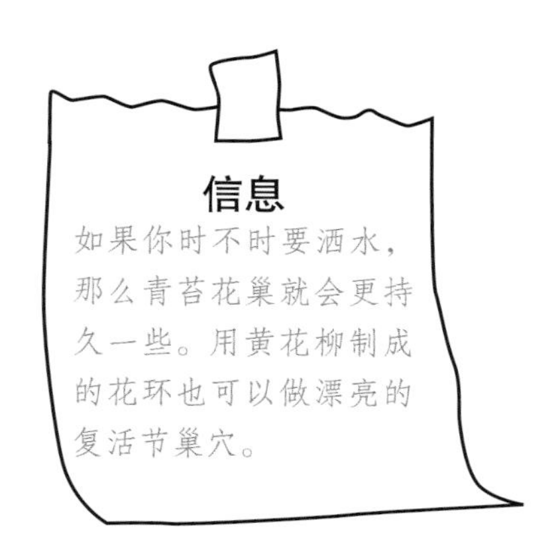

在明亮的背景上搭配粉蜡色的花效果很棒。

后院里一辆好久没有派上用场而且带有封装胶带的自行车，经过一番装扮后，几分钟之内就拥有了喜人的条纹图案。这种印在胶带上的图案，在手工杂货店或者网上都可以找到。架在自行车后座上种满迎春花的木质花箱把自行车变成了骑在两个轮子上的春的使者。此外，在遮雨的小角落放置一个穿着波点裙的纸浆气球小鸡，就视觉感受而言肯定也很不错。制作方法十分简单，只需要气球、糨糊、报纸和颜料，就能很快制作出一只可爱小鸡。

从浪漫情调到天然气息

怀旧者在跳蚤市场四处寻找旧式的厨房用具，这些用具完全适合浪漫派的布置风格：厨房用筛子、咖啡罐、搪瓷罐，还有旧式的锌制容器或者铁丝筐都可以给春天的花朵提供一个舒适的家。比如你可以种植蜡粉色的水仙、角堇、香堇

角堇花期较长，这点很难得，所以它应该说是每个阳台必不可少的东西。

喜欢色彩的朋友们可以用耀眼的颜色去涂花盆，然后选择栽种相应的植物。

菜、报春花（见42页）或者淡色银莲花。还可以在墙上挂一个牛奶壶，这样就开辟了额外的空间用以种植植物来装点生活，比如开淡紫色花朵的蓝铃花，或者在阴凉处生长的长春花。这种浪漫风格最好是和天然材料制成的小物件结合起来：蜗牛壳和半个鸡蛋壳（见28页）大小刚好，可以用来种植一些雪花莲或者葡萄风信子（见41页）。鸡蛋壳还需要装饰一番，可以放在青苔做成的支座上并涂成彩色的。在柳条编织的小篮子里种上芬芳怡人的红口水仙，你就可以拿到手里把玩，将芬芳送至鼻端。简易的陶罐也可以变成一件小型艺术品，只需要用桦树皮缠绕一下就好。

但愿复活节早餐是在户外沐浴着阳光开始的，想必小兔子也会忍不住朝你的餐桌上瞥一眼的：在杯盘间有嬉戏的兔子玩偶、用春天的花朵制成的小花环制作的小小座位卡以及躺在小碟子里的彩蛋——碟子里装满了嫩绿色的猫草。如果想要用植物编织一个用来装彩蛋的复活节篮子的话，那最好提前10天种植。想要更快点的话最好种些水芹来编织复活节篮子。

建议：用自己栽种的药草做成香料面包，或者用角堇或紫罗兰花朵结晶物制成杯子蛋糕。盛上这些东西，一定会使你的客人大吃一惊。为此，你还需要采摘一些没有处理过的花朵，将打发好的蛋白轻敷在纸杯蛋糕上，然后撒上细砂糖，接着让其干燥，再用糖霜在纸杯上撒出图案。

常青能手：半灌木和木本植物

你喜欢变化，但是却没有兴趣每隔几个月重新在你的花箱或者花盆里播种新品种？如果是这样，那么这种植物群组就是最适合你的了。

春天有娇艳的花朵、新绿的叶子，夏天有香甜的果实，旺季结束时还有华丽的红黄色，就像秋天树叶的颜色一般：拉马克唐棣（*Amelanchier lamarckii*）就是这样一种植物。金缕梅（*Hamamelis*）是开花最早的植物之一。根据不同的品种，绝大部分在一月就会开花了，花香清淡，花色像秋天的树叶一样呈漂亮的红黄色。这时海棠（*Malus*，见 57 页）也已经开出了漂亮的花朵，然后整个冬天花枝上都会挂着小果子。用这种或者其他的本地木本植物，你可以自制一个很吸引人的基本植物群组，而且全年都可以，因为与其他具有异域情调的盆栽植物不同，这些植物全年都可以待在户外。

半灌木也不需要你采取什么过冬的措施或者定期去重新种植。和树木、灌木不同的是，这种植物即使生长多年，枝丫也不会木质化，而是会保持草本状。很多半灌木土表部分在秋天的时候会凋零，但是春天又会重焕生机。即使在很寒冷的季节，有些半灌木的树叶仍然还是绿的，还有一些品种四季常青。

建议：像老鹳草（*Geranium*）、福禄考或者紫菀这些开花的半灌木，可以和那些叶子不论在形状还是颜色上都具有装饰作用的植物组合起来种植，一定会很引人注目。比如狼尾草（*Pennisetum*）会使人想到喷泉，也是摆满花盆的花园所不可或缺的。即使是在很干燥的环境下，狼尾草依然十分美丽，所以人们到二月份才会去剪狼尾草。苔草（*Carex*）品种很多，高度大约在 30 厘米，有些品种属于四季常青型。筋骨草（*Ajuga*）、矾根（*Heuchera*）或者红景天（*Sedum*，见 48 页）开的花加分不少。这些叶子适合做装饰的半灌木总能相互融合构成常年美观的造型。此外，这些灌木还会开花，能把整个植物群组装点得更漂亮。

请用鳞茎花卉搭配半灌木种植。这样你就可以常年欣赏你的小小花桶，而且每一年都会有新意。

开花的半灌木，紫罗兰色、草绿色的花朵会给你带来数年的乐趣。

半灌木返青回春

1. 分开根球

很多半灌木大都很好养，没有任何要求。春天要发芽时，养护工作也仅仅是施点混合肥料（每平方米2升混合肥料或者每个花盆里撒几把肥料）。即使是夏天，也不需要更多的养护（见88页）。然而2~4年之后，一些品种开的花就会变少，这时就到了采取返青回春疗法的时间了，即分开根球。你最好在购买时就询问一下你所买的这种植物几年后需要分开根球。在时间选择上的黄金法则是：夏天或者秋天开花的植物在春天的时候把球根分开，春天开花的植物则在秋天做这件事。要想把球根分开，你需要把半灌木植物从花盆里拿出来（比如千屈菜，见图）。然后你可以用小铲子插到根须的中间，把根茎分成两半。

2. 种植一半

接着，你可以把其中一半重新种回花盆或者花桶里，填充上土，绕着根球的位置轻轻按压一下土壤，最后再浇透水。剩下的另一半你可以种在另一个花盆里或者送给朋友。如果你要在花盆里种植蝴蝶花（*Iris*）的话，也要分开它的根球，但跟上面所说的有点不同：先把根球从花盆里拿出来，把肉质根茎上的土去掉一些，然后用一把锋利的刀子把根茎最稀疏的地方切掉。用修枝剪把叶子剪短到三分之二处，以减少水分蒸发，直到蝴蝶花重新生根。

最好的半灌木——屡试不爽

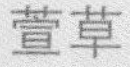

萱草

J F M A M J J A S O N D

种植间距：35~70 厘米

生长： 根据不同的品种，萱草可以长到 40~140 厘米高。它的花朵呈线条状，除了蓝色其他色都有。除了花朵之外，它草状的大叶子也十分吸引人。

品种：“弗兰斯哈尔斯（Frans Hals）”高 80 厘米，花开两色，呈黄色和玫瑰红。“金娃娃萱草（Stella de Oro）”只有 40 厘米高，但是花朵却异常密集，花期很长。“折叶萱草（*Hemerocallis fulva*）”也是在半阴凉的地方开花。

养护： 春天施加混合肥料。开败的花朵要及时剪掉。

八宝景天

J F M A M J J A S O N D

种植间距：50 厘米

生长： 八宝景天绷直有 40~60 厘米高。肉质的茎干和叶子能蓄水，因此耐旱耐热能力好。花冠刚开始是绿色的，开花时呈白色、粉色、紫色或者锈红色。

品种：“秋天的快乐（Herbstfreude）”呈锈红色，十分强壮。“玛特罗娜（Matrona）”呈粉色，嫩芽为红绿色。“冰山（Iceberg）”花色从白到粉。

养护： 春天施加混合肥料，忌水涝。

附加建议： 景天属植物很招蝴蝶。

须苞石竹

J F M A M J J A S O N D

种植间距：30 厘米

生长： 须苞石竹 30~50 厘米高。两年到多年生的石竹花花朵繁茂，每一束花都由好几种颜色构成，从白色、橙红色、粉色、紫罗兰色到黑红色。

品种：“黑沿阶草（Nigrescens）”的花朵呈神秘的黑红色。“约什伯格（Oeschberg）”的花朵呈紫红色。

养护： 水流不畅造成的积水不利于植物生长，所以在栽种花的土壤中应该添加沙子。

附加建议： 这是一种花期持久、有调料香味的插花，第一批花盛开后就可以剪下来插到家中的花瓶里了。

■ = 花期　■ = 播种期　☼ 日照　◑ 半阴　● 阴凉

穗乌毛蕨

J F M A M J J A S O N D

种植间距：35 厘米

生长：这是一种本地蕨类，叶子优雅地伸出来，呈明亮的新绿色，即使是在冬天也是这个颜色，大概可以长到 30 厘米高。

品种：这种植物没有特殊的品种。很多其他的蕨类也适合生长在阴凉的花盆或花园里，比如“刺毛耳蕨（*Polystichum setiferum*）”或者“铁角蕨（*Asplenium scolopendrium*）”。这两者都是冬季常青型的蕨类。

养护：春天施加混合肥料，土壤长期保持轻微湿润状态。

落新妇

J F M A M J J A S O N D

种植间距：35~45 厘米

生长：落新妇吸引人的叶子上挂着火炬状的花苞，有白色的、奶油色的、粉色的以及红色的。

品种：适合在花桶里种植的品种有“费娜乐（Finale）”，粉色，40 厘米高；“红色哨兵（Red Sentinel）”，红色，50 厘米高；“新娘面纱（Brautschleier）”，白色，70 厘米高。

养护：春天施加混合肥料。光照越足，土壤就越需保持更大的湿度。

附加建议：“中国落新妇（*Astilbe Chinensis* var. *pumila*）”比这个种类的绝大部分品种要更抗旱和耐光照。

玉簪

J F M A M J J A S O N D

种植间距：10~60 厘米

生长：精致的心形叶子有迷人的表层结构，叶子的颜色是深浅不一的绿色，也有叶子呈蓝灰色以及其他颜色的品种。花朵从白色到紫罗兰色都有，并有花香。

品种：“六月(June)”，绿金色，25 厘米高。“大花（Grandiflora）”高 40 厘米，花形很大，喜光。蓝灰色的“优雅（Elegans）”可以达到 70 厘米高。

养护：春天施加混合肥料。土壤不能缺水。

附加建议：小玉簪高 15 厘米，可以用来装饰阳台的桌子。

喜光的蔬菜：朝南种植

防晒霜和小冰箱都准备好了吗？夏天真的要来了。为了使你的植物们也能和你一样满心期待这个温暖的季节，在此做几点温馨提示。

和植物相比，人具有一个无与伦比的优势：人可以根据喜好转换方向。当你在阳光下惬意地舒展身体后，只要你觉得热得有点不舒服了，你就可以随时退回凉爽的室内。但是植物却无法这么安逸，哪个园丁会定时把它们搬来搬去呢？因此，在刚开始建造这个绿色帝国时，你该选择那些偏好本地气候、能适应它所处的主要处所条件的植物。比如，普遍来说有个朝南的阳台是一件很好的事情：采光好，暖和，因此可以种植喜阳的桶装绿植或者水果。这种阳台也很适合你在遮阳伞下度过慵懒的时光。但这同时也可能是个缺点：不习惯晒太阳的人，如若没有什么防护措施的话很快就会被晒伤。盛夏时分城市里像炼狱般酷热，朝北的阳台明显阴凉很多，水的消耗量也比朝南的阳台明显要少很多。幸运的是，有一些植物相当喜欢阳光：它们一般来自南方，随着时间的推移已经完全适应了炎热和干燥。因此，在园艺商店购买时咨询一下这些植物的习性很有必要。或者你可以自己来一次发现之

信息

对于那些不管怎样夏天都会很热的地方，你最好采取一些“通风的防窥视措施”，比如种一些很容易就能生长得十分茂盛的桶装植物来杜绝别人一窥到底的现象。这样不仅通风，还能很好地保护你的隐私。

漂亮的景色使园丁们高兴，阳光充裕能使薰衣草长势喜人。

向日葵、金光菊和翼叶山牵牛都喜光喜热。

叶子可以作为蓝眼菊的储水器，使其不惧烈日！

旅，自己寻找一下这种抗旱抗光照的植物。这其实并不难，因为很多“抗旱高手”都有明显的特征可以被辨识出来。

热，并有格调

一些长势较好的植物会闪着银光，更确切地说，看起来像是有人在上面撒过银粉。这种粉反射阳光，有助于薰衣草（见图）、迷迭香、意大利蜡菊和鳞叶菊这样的植物保持一颗“冷静的头脑”。此外，它们的叶子相对较小，这样阳光侵袭的面积就小——这是植物多么聪明的小点子啊。百里香就是其中之一。相反，夹竹桃、丝兰以及很多观赏草都是忠实的阳光爱慕者：它们有皮革似的坚硬的叶子，这些叶子能抵御光照，而且也不会造成水分蒸发。毛蕊花、绵毛水苏也有这种有效的防热功能。它们银色的茸毛能反射太阳光，同时能减少水分蒸发。有件事对于不喜欢天竺葵的人而言是一个坏消息，对于其他人来说却是好消息：天竺葵有很多种类适合栽种在阳台上。它之所以受欢迎，其中一个原因是：它那多肉的叶子可以储存水和营养物质，因此能很好地度过干旱期。你也可以在你的花箱里种植一些马齿苋、蓝眼菊或者非洲雏菊（见图）。它们和大戟属以及无数的长生草属与景天属植物一样，采取的是相同的防热策略。

庭院阳台的阴凉魔法

“放松地坐着，而不是在太阳下挥汗如雨。”按照这个座右铭来布置花园，花盆园丁和植物整个夏天都会心情愉悦地享受阴凉的庇护，同时又有鲜花和色彩做伴。

露天游泳池和人工湖畔哪个才是最受欢迎的地方？确切地说，一些巨大的树木下是夏天最受欢迎的地方。正如我们喜爱夏天的阳光，同时也不会忽视一小块阴凉的树荫。温度在30℃以上时，能有个朝北的阳台或者院墙同样也可以起到遮阳的作用。此外，阳台朝北的话，我们也不必常常担心植物是不是又处于半缺水状态了，是不是又要去浇水了。这种远离烈日和汗水的生活也十分惬意。除了阳光直射的时间短，绿植通过叶子而蒸发的水分明显也要少得多，因此所需的补给也少了很多。我们可以从容不迫地专心于准备一份完美的牛排或者烧烤用的奶酪。

在墙上挂上镜子可以从视觉上扩大房间的空间感，同时通过光的反射作用使房间明亮起来。野生的葡萄能搭建一个天然的架子。

绿色能量

自然赐予了绿色令人难以置信的宽

蓝钟花、蕨类植物和玉簪奏响了一首格外吸引人的三重奏。

倒挂金钟美妙的花朵呈现出多种充满浪漫气息的色彩。

广的色域。单这一点，就可以使我们身处阴凉的树荫下时不觉无聊。我们也可以仔细看看植物的构造和叶子结构。可以说，金银丝状的蕨类叶子本身就像一件小小的艺术品。矾根和彩叶草有很多不同的品种，叶子颜色也各不相同。玉竹美丽的拱形嫩芽挂着水滴状的白色花朵。鬼灯擎和大叶子属植物的叶子也会给人留下深刻的印象，它们的叶子叫作观赏叶和平叶。这一切都是阴凉之处的一种调剂。很多喜阴的植物有特别丰满、发亮的叶子。筋骨草的叶子就是这样，四季常青，在具有金属感的绿色、紫色和棕色间转换。像那些绚丽好看的玉簪一样，筋骨草也是阴凉处的绝佳选择。玉簪叶子呈心形，通常带有白色或者奶白色的对称凹纹。玉簪花朵的颜色绝大部分是亮色，正因如此，即使在半漆黑的环境下你也能很清楚地看见它们。

阴凉处生长的植物叶子形状多样，呈现不同的绿色。白色花朵令人目眩。

出于同样的原因，推荐使用白色和粉蜡渐变色的阳台家具和房间陈设品。这些东西的表面像宝石以及水面般闪闪发光，反射着太阳的光芒，可以给阴暗处带来光明。尽管如此，你还是想要阳台多点色彩，是吧？没问题，很多喜好半阴凉或者阴凉的植物看起来就恰好很养眼。花叶野芝麻和林石草拥有耀眼的金黄色花朵，可以替代阳光。喜欢蓝色和紫罗兰色的朋友可以尽情种植乌头、银莲花（比如打碗碗花）以及多种多样的蓝钟花、福禄考和老鹳草（比如桔梗叶风铃草、多节老鹳草）。真正绚烂耀目的是粉色和火红色，像报春花（比如高穗报春花，见 43 页）、叶子引人注目的华中虎耳草，或者让人想起熊熊燃烧的火把的落新妇。

循序渐进：形状最好的木本植物

要想笔直地剪下去其实并不简单，要剪成球形对于有些人来说就像研究一门科学那么难。但是只要战胜了第一次修剪的恐惧，就可以得心应手、游刃有余地剪出一个完美的球形了。

把植物修剪成球形所需的设备：

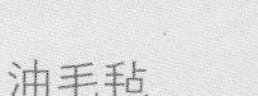

油毛毡

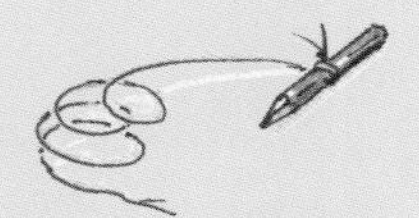

带线的笔

修剪垫

花园修枝剪或者羊毛剪

塑料桶（备用）

为了使之后的清理工作变得轻松简单一些，我会把黄杨放在一个衬垫、旧床单或者剪开的购物袋上。

比如玉兰树或者鸡爪槭，修剪这些植物，不可能马上完全修剪好，但是有时修剪的确是世界上最简单的事情。例如夏天的丁香，你可以把它修剪得很彻底。高干植物则比我们通常所认为的还要扛剪：你可以直接把周围的嫩枝剪一圈，剪短 10 厘米，留 2~3 个芽眼。芽眼指的就是嫩芽上小小的凸起。从芽眼后面会长出新的旁枝。如果想很细致地做好这件事，就需要注意留在上面的芽眼方向应该朝外。这样植物后期继续生长时枝丫之间才能更和谐，因为能避免新长出来的枝丫横在中间这种情况。修剪丁香的正确时间和修剪彩叶柳、木槿或者卵叶女贞的时间是一致的，都是在二月底。

然后自制一个镂空的模型。我会在一块纸板上剪出一个镂空的圆，直径大小取决于你希望修剪后的黄杨树形的大小。带线的笔可以作为圆规来画圆。

3

现在我把那个镂空模型竖直地放在黄杨上，然后沿着那个圆修剪。最好是用那种带有很长的刀刃的剪刀修剪。专业人士在这种情况下使用的多是羊毛剪。

你也可以用塑料桶来代替镂空模子：把塑料桶直接放在黄杨上，然后沿边修剪。围绕着黄杨一块一块地往下剪。

大功告成！多亏提前垫的衬垫，我可以很快就把修剪出来的垃圾清理干净。这些修剪下来的枝条也可以被用来做插枝（见 101 页）。重点是：修剪后，你需要把黄杨放在半阴凉的地方静置几天，或者用一个薄薄的纤维网把它罩起来，否则的话，黄杨可能会被太阳晒伤。

最好的景观植物——屡试不爽

荚蒾

J F M A M J J A S O N D

● ◑ ☼

花桶：直径最少比花盆大 10 厘米

生长：荚蒾是 0.8~2.5 米高的灌木，花球从白色到粉色都有。

品种：冬季荚蒾只有 1.5 米高，长叶前开花。像香荚蒾一样，它们的主要花期是在二月底至四五月中旬，花球硕大。

养护：春天时，每平方米施加 3 升混合肥料，修剪多余的枝条。

附加建议：荚蒾有四季常青的品种，比如地中海荚蒾（1.5 米）。

黄花柳

J F M A M J J A S O N D

◑ ☼

花桶：直径最少比花盆大 10 厘米

生长：黄花柳特别有趣的是雄株，花序起初是银色带茸毛状的，之后就变成耀眼的黄色了。

品种：黄花垂柳适合盆栽，基本不会再长高。

养护：春天时每平方米施加混合肥料 3 升，不需要修剪，当然修剪也无妨。

附加建议：可以在黄花柳下面种植其他植物，比如希腊银莲花、南庭荠、庭荠。

景观樱桃

J F M A M J J A S O N D

◑ ☼

花桶：直径最少比花盆大 10 厘米

生长：景观樱桃的果实原则上是可以吃的，但是很小而且味道不怎么样。

品种："天野川樱（Amanogawa）"纤细笔直。"哭泣菊垂枝樱（Kiku-shidare-Zakura）"花朵繁茂，像一幅挂画。灌木樱桃"卓越（Brilliant）"叶片呈圆形，是秋天一抹艳丽的色彩。

养护：春天时每平方米施加混合肥料 3 升。只有当它长得太大时才需要修剪。花开败后也可以直接修剪。

附加建议：摆放位置越向阳，花越繁茂。

■= 花期　■= 种植时间　☼ 光照　◑ 半阴凉　● 阴凉

大叶醉鱼草

J F M A M J J A S O N D

花桶：直径最少比花盆大 10 厘米

生长：在大叶醉鱼草微微凸出的嫩芽上挂着华丽的长长的花序。

品种：“象牙醉鱼草（Buzz Ivory）”花朵为白色，是花期最长的品种，六月到十月开花。这个品种高不超过 120 厘米，花朵密集而美丽，有“紫罗兰醉鱼草（Buzz Violet）”、“蓝色天空醉鱼草（Buzz Sky Blue）”和“紫粉色醉鱼草(Buzz Pink Purple)”。

养护：春天时每平方米施加混合肥料 3 升。二月初剪短到 20~40 厘米，每个枝丫上必须留 2~3 个花苞，保留 10 厘米长的茎干。

附加建议：这种植物就像吸引蝴蝶的磁铁一般！其他的昆虫也喜欢它的花蜜。

玉兰

J F M A M J J A S O N D

花桶：直径最少比花盆大 10 厘米

品种：星玉兰，比如“皇家之星（Royal Star）”，花朵呈星状，花香扑鼻，从白色到浅粉色都有，生长十分缓慢。紫玉兰的花朵呈百合状。“黑质(Nigra)”“贝蒂(Betty)”“珍(Jane)”，还有“苏珊(Susan)”，这几个品种的花色都是玫瑰色，推荐种植在花桶里。

养护：玉兰生长需要酸性土壤，因此请使用种植杜鹃花的土壤和肥料。玉兰并不需要修剪。夏天时要使土壤一直保持湿润的状态。

附加建议：玉兰花下不适宜再种植其他植物。

海棠

J F M A M J J A S O N D

花桶：直径最少比花盆大 10 厘米

生长：海棠是细窄笔直的小树形状。春天时花香诱人，花朵从白色到玫瑰红色都有。秋季时叶子颜色绚丽，枝头挂着可爱的观赏性果实。

品种：推荐种植下面几个品种：“红哨兵海棠（Red Sentinel）”花为白色，果实为深红色；“高峰海棠（Evereste）”花为白粉色，果实呈橙红色；“伊索海棠（Van Eseltine）”花朵半开时为粉色，果实黄色的和红色的都有。

养护：春天时每平方米施加混合肥料 3 升。每 2~3 年剪一次枝。

附加建议：海棠的果实其实也是可以食用的，你可以把它制成美味的果冻。

水果方阵

芭蕾舞演员、小矮人和时髦的野兽：在阳台上或者水果粉丝们的庭院里，一个可爱的小种族在嬉戏着。它们只有一个目的，就是诱惑我们的味蕾。

你现在既期盼着春天芬芳的花朵，同时又梦想着可口的鲜果吗？没问题：好多柱状果树或者矮小的果树都可以在很小的空间里给你带来巨大的快乐。矮小的果树就是我们平常见到的果树的袖珍版，有很漂亮的小小花冠，高约 1.5 米。更节省空间的是柱状果树，它们竖直生长，中间的主干最高 3 米，主干上生出很多短的旁枝，以此保持果树身形的纤细。最著名的就是柱状的苹果树，它就像芭蕾舞演员一样，凭借笔挺的躯干来成就自己的事业。同时也有像梨、李子、樱桃以及桃子、油桃这样的柱状果树。这些袖珍版的水果树虽然不会像它们高大的“原版果树”那样活那么久，一般 10 年之后就不能结果了，但是它们节省空间。此外，它们还有另外一个优点：对于初学者来说它们很容易修剪。在第二年的六月中旬，你可以把所有的旁枝都剪短到大约 15 厘米长，苹果树留两个幼芽（就是嫩芽上的小小凸起），大约剪到 3 厘米即可。

简单打理

如果你想把买来的小果树种在花盆里，那花盆的直径至少得 10 厘米。2~3 年后需要换盆。花盆容量要达到 25~30 升，这是起初几年栽种花盆的最佳大小。

很多品种的水果即使种在花桶里也能茁壮生长，结出来的水果十分可口诱人。

悬挂式草莓盆栽也能在最小的阳台上找到属于它的位置，而且能起到很好的装饰作用。

速成教程

装饰树根周围耙松的那一圈土

果木在果实形成过程中需要投入大量的能量——所以那些通过根茎和它争抢水分和营养物质的竞争者它一点都不喜欢。

* 如果不能直接在果木下栽种其他植物的话，那该怎么办呢？你可以分组将那些相对低矮的根茎植物或者阳台花卉围绕着树干放一圈。

* 浇水时你可以把小花盆从树根周围的那圈土里拿出来。这样，你就可以避免花盆中的花朵在生长过程中通过排水孔把根扎到果树的土壤里去。

* 花盆可以用青苔简单铺一下。

六年之后花盆的容量应该达到 50 升。注意排水通畅，地点向阳。春季时，可以根据包装上的说明施长效肥。如果是自己田里的几棵果树，那就可以使用特定的果树全效肥料。这种肥料含有特别丰富的钾元素，可以提升水果的芳香度，延长果实的保存期。想要提高产量的话，你可以将几种能相互授粉的品种种植在一起。即使是自花授粉的植物，种植产量也会提高。结大果子的果树，比如苹果树或者桃树，六月初时你可以在每一簇花团上留一两朵花来结果，其他的可以都剪掉。这样就可以避免果树过度结果而发生枝干被压断的情况。如果不修剪的话，结的果子会很小，而且来年产量还会明显减少。像苹果这一类的水果，如果轻轻一拧就能把果子从树枝上摘下来，说明果子已经完全成熟了。桃子需要尝一下才知道成熟与否。还有一点要注意，那就是所有品种的果实，包括浆果类（见 112 页），都可以冷藏。

最好的果木——屡试不爽

苹果

J F M A M J J A S O N D

花桶：直径最少比花盆大 10 厘米

养护：总是和能相互授粉的品种一起栽种。种在阴凉处会影响产量。三月底或四月初时可以施长效肥。定期修剪能提高产量（见 58 页）。

品种：有抵抗力的树干状果木十分适合在阳台或者房顶上种植，比如"金道（Goldlane）"，黄绿色，十月成熟；"饶娜特（Sonate）"，黄绿色，又有点偏红，九月底成熟；"隆多（Rondo）"，浅红色，十月初成熟。

附加建议：很有趣而且很实用的就是那些有很多品种的小果树。

梨

J F M A M J J A S O N D

花桶：直径最少比花盆大 10 厘米

养护：阳光越少，梨树所在之处就越该好好防护。水涝烂根绝对是致命性的。三月底可以施加长效肥。第二年的六月中旬应该把旁枝修剪到 15 厘米长。

品种："康蔻得（Concorde）"是一种很好的柱状梨子。"得蔻哈（Decora）"和"萨芬哈（Saphira）"的果子也很香。后两个品种间可以相互授粉。

附加建议：最好是把小树放在顶棚下面，这样可以预防梨锈病。

欧洲甜樱桃

J F M A M J J A S O N D

花桶：直径最少比花盆大 10 厘米

养护：三月底可以施加长效肥。如果来啄食的鸟太多，可以在树冠上拉起一个蓝色的网，网孔为 30 毫米 ×30 毫米。这种植物需要定期修剪（见 58 页）。

品种：低矮的甜樱桃"紧凑型斯坦拉（Stella Compact）"八月底成熟，是一种自花授粉的品种，而且如果和其他品种一起相邻栽种的话，还能提高产量。这种栽种方式也适用于树干状的樱桃"西尔维亚（Sylvia）"，果实七月初开始成熟。

附加建议：放置在雨淋不到的位置，这样果实才不会裂开。

■ = 种植期　■ = 收获　光照　半阴凉

李子

J	F	M	A	M	J	J	A	S	O	N	D

花桶：直径最少比花盆大 10 厘米

养护：三月底或四月初可以施加长效肥。长到树冠内部的枝丫需要修剪掉。在第二年的六月中旬，把树干状的旁枝剪到 15 厘米长。

品种：低矮的李子树“悠悠（Jojo）”是自花授粉型的，果实肥硕，对通用型洋李痘疱病毒有抵抗力。高干型的品种“安雅（Anja）”也是这样。

附加建议：米拉别里李子是一种黄色的李子，其中的“米拉别里冯南希（Mirabelle von Nancy）”是一种果实更小的特别甜的品种。

猕猴桃

J	F	M	A	M	J	J	A	S	O	N	D

花桶：直径最少比花盆大 10 厘米

养护：这种攀缘植物特别适合有藤架的回廊，或者较高的藤梯。但是冬季必须要有相应的防护措施。三月末施加长效肥。三年之后才能看到挂果。

品种：除了自花授粉的品种，比如“嗖啦（Solo）”或者“珍妮（Jenny）”之外，想要其结果的话必须雌株雄株同时种植。

附加建议：迷你猕猴桃，比如“维基（Weiki）”或者“伊赛（Issai）”都是耐寒的果树，果实如醋栗般大小，无毛，可以带皮食用。

桃子

J	F	M	A	M	J	J	A	S	O	N	D

花桶：直径最少比花盆大 10 厘米

养护：三月底或四月初施加长效肥。最好用植物纤维网或者黄麻来保护树冠免受晚霜的伤害。

品种：高干型的桃树“红秀（Grazia）”从八月中旬开始成熟。低矮的桃树“琥珀（Amber）”和“钻石（Diamond）”都是从七月底开始成熟。从八月开始“深红篝火（Crimson Bonfire）”的叶子就会变成极具诱惑力的黑红色。所有的品种都是自花授粉。

附加建议：把桃树放在雨淋不到的地方可以预防缩叶病。

造型：美丽与可口兼得

既是可口的蔬菜又是诱人的景观植物，我们想两者兼得！事实上，那些一见就忍不住想咬一口的植物，下一步就会走进你的餐盘。

油炸土豆条抑或巧克力，湖边度假抑或节日狂欢，布拉德•皮特抑或休•杰克曼——生活中充满了艰难的选择。换个角度来说，如果都能拥有的话，又为什么要选择呢！花盆园丁们在这方面做出了很好的示范：不在蔬菜和观赏植物间纠结，他们直接着手的就是具有观赏价值的蔬菜。单就番茄而言，品种不同颜色各异，有红的、黄的、绿的、橙的以及近乎黑色的或者条纹状的。菜椒也是这样，玩起了有趣的色彩交替变换的游戏，从绿色、奶油色、黄色、橙色或者黑色到经典的亮红色，应有尽有。球茎甘蓝不仅有贞洁的白色，还有色彩浓重的紫罗兰色。对于美丽与可口兼得的盆栽植物而言，这仅仅是个开始。

信息

花园的设计者喜欢茴香叶，园丁们喜欢块茎。同样可以食用的还有可以当种子用的白羽扇豆。

可口的美丽

糖莴苣就是颜值和口感皆佳的例子。糖莴苣的茎干是红色、黄色或者粉色的，叶子是亮晶晶的绿色，它都可以与那些叶子具有观赏价值的植物相媲美了。恐龙羽衣甘蓝有镶边状的叶子。花菜开的花则是闪亮的紫罗兰色，比如“涂鸦 F1（Grafitti F1）”，或者“蓝色萨拉丁（Salad Blue）”。你完全可以着手在

球茎甘蓝在还很小的时候就呈现出紫罗兰色了。

花箱或者花桶里种植一二。荷包豆开红色和白色的花朵，攀爬在藤架上十分引人注目，但是在它结出比较可口的绿色豆荚前，布什豆“波咯特毫萨（Borlotto rosso）”的花朵已经结出了奇特的黄紫色斑点的果实了。布什豆的花朵从白色到浅玫瑰色都有。布什豆还有一个品种叫“窝莱塔（Voletta）”，结出来的豆子呈明亮的金黄色。

菠菜和球花藜看起来有点粗野，但是同时又具有异域特色。真正的菠菜是由亚洲传到中欧的。在中欧，人们吃球花藜的叶子基本上和亚洲人的吃法是一样的。球花藜的果实是那种直径为 2 厘米的红通通的果子，可以在做沙拉时添加或者直接作为水果享用。当作水果食用时最好加糖腌制，因为这种果子本身没什么味道。

最终打破蔬菜和观赏类植物之间界限的是菊芋。它金黄色的花冠可以与它的血亲向日葵相媲美。只是向日葵只能够吃籽，而菊芋地下的部分也可食用。菊芋的块茎尝起来很甜，所以也被称作“甜土豆”。不过这个名字已经被另一种植物征用了，它就是甘薯，可以说甘薯是真正的引领潮流的植物。过去的几年里，菊芋凭借自己优雅的心形叶子以及美丽的色彩一跃成为现代阳台装饰的新宠。它的叶子呈透亮的绿色，或是青铜色、黑红色。由于人们把全部热情倾注于纯粹视觉上的享受，它那甜美的根茎反而差点被大家遗忘了。菊芋的嫩叶和海甘蓝的花芽尝起来一样美味，叶子变老后会呈灰蓝色，也可以采摘下来，像甘蓝一样做成菜享用。如果每天只采摘一点的话，还有望看到菊芋那开得十分繁茂的白色花朵，闻到那扑鼻而来的花香。

芹菜、糖莴苣、恐龙羽衣甘蓝和菜椒可以和夏季鲜花混合起来种植。

新鲜的绿色生菜和红宝石色的糖莴苣被万寿菊和金盏菊围绕着。

循序渐进：花槽里的蔬菜

看起来像个简单的木箱子，所见即所得。你可以在后院、房顶以及任何可以保持平衡的地方放置花槽，保证收获满满。

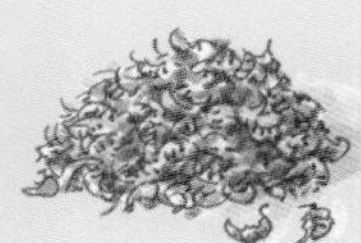

简而言之，花槽就像堆肥器：在容器里堆起来的有机物质慢慢腐烂，然后转化为营养物质并释放出热量。这样即使没有肥料，这些小植物们也能得到足够的营养供给。此外，热量输送还能使收获的时间延长几周。在选择植物的时候，你应该注意，不同的品种对营养物质的需求不同。如果是新制作的花槽，绝大部分营养物质都有，这时可以种植那些“胃口”大的植物。它们需要很多营养物质，把它们种植在新制作的花槽里就像把它们放置在极乐乡里似的。西红柿、土豆和南瓜这一类都属于“胃口”大的植物。第二年可以种那些“胃口”中等大小的植物，比如胡萝卜、球茎甘蓝和糖莴苣。如果花槽里的营养物质含量第三年已经明显下降，那就轮植那些“胃口”很小的植物，比如生菜、樱桃萝卜或者洋葱。

当把所有的板子钉在一起后，就可以放上由粗略剪小的枝条铺成的30厘米厚的底层了。这些东西从哪儿弄的呢？你们完全可以向离你们最近的小花园协会的人要一些修剪下来的矮树篱。

花槽里现在可以放上一层30厘米厚的树叶，接着我会把树叶稍稍浇湿。

最后我会填充上肥料，最好是15厘米厚的生肥，然后再加上15厘米厚的精细肥料。这两种肥料在市里的化肥厂里都可以买到，而且物美价廉。

然后我会把植物种进去，并浇上水。我的建议是，如果在起初几年培养基明显地塌陷下去了，那就用肥料填充上。五年之后，填充物就该完全换掉了。

夏天

夏季是满载收获的季节！到处一片绿色，鲜花争奇斗艳，阳光试图创下新的高温纪录，烤肉架上的铁锈英雄们在为最好的卤汁而决斗，自家种的药草孤芳自赏，甘甜多汁的草莓则可以作为餐后甜点让你慢慢享用。

期待……夏天的乐趣!

每一层都有植物带来的乐趣

给更多的绿植提供空间

你需要：3 个花盆 * 2 块板子（板子大小取决于花盆的大小，约为 100 厘米 ×20 厘米 × 2 厘米）* 2 块角板（直角边长 15 厘米）* 2 个钩子 * 钢丝锯 * 螺丝刀 * 螺丝

1. 从一块板子上按照相同间距锯下来 3 个圆。直径大小取决于花盆的大小，要该保证花盆能放进去。

2. 把 2 块板子呈直角固定到一起，将 2 个角板固定到板子上。角板可以增强结构的稳定性。

3. 把挂钩固定在墙上，然后就可以挂架子了。种上植物后即大功告成。

彩色的植物袋子

字面含义

你需要：能承受重量的塑料袋 * 可能需要沙砾或者膨胀黏土 * 种花的土壤 * 喜欢的夏季花卉或者丰富多彩的混合种子包

1. 塑料袋子上要留孔，这样多余的水分才能流出来。如果袋子挂不起来，只能立着放置，那推荐用沙砾或者膨胀黏土做一个排水层。

2. 填充上土——不要装满，预留 2 厘米以便浇水——把混合种子种进去，或者种植自己喜欢的植物。

加薄荷的草莓波列酒

微热夏夜的冰凉贴士

配料：1 公斤草莓 * 4 汤匙糖 *2 枝从药草盆里采摘的薄荷 * 2 瓶白葡萄酒 * 2 瓶香槟

1. 清洗并擦拭干净草莓，用刀切开，一分为四，然后撒上糖，混合均匀，在冰箱中静置入味 1 小时。

2. 清洗 2 枝薄荷，去尖，作为装饰放在旁边。剩余的叶子与提前用糖腌制的草莓一起倒入一个容器中。

3. 最后将 2 瓶香槟、2 瓶白葡萄酒浇在草莓上，小心地把所有东西混合好。然后把这款波列酒倒入杯中，用薄荷装饰一番就可以惬意地饮用了。

药草佛卡夏

搭配喜阳的药草

配料：400 克面粉 * 一小包干酵母 *½ 茶匙盐 * ½ 茶匙糖 * 4 汤匙橄榄油 * 4 汤匙药草，比如百里香、鼠尾草或者迷迭香

1. 先将面粉、酵母、盐、糖、2 汤匙的油和大约 300 毫升的温水混合，揉成一块柔软的面团，再将药草剁碎一起放进去揉。

2. 用厨房纸巾将面团盖上，放在没有过堂风并且温热的地方发酵，直到它的体积增长一倍为止。

3. 重新揉一遍，摊成 1 厘米厚放置在烤盘上，静置 20 分钟，在上面刷上橄榄油。

4. 烤箱上下预热到 200° C，烘烤 25 分钟即可。

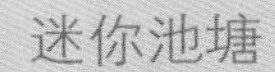

昆虫酒店

益虫的免费房间

你需要：由芦苇秆制成的帘子 * 切割刀 * 金属线或者线束扎带 * 空罐头瓶子

1. 摊开芦苇帘子，每 10 厘米就用金属线绕一圈扎起来，或者用线束扎带捆紧。

2. 在缠上金属线或者线束扎带后，用切割刀把每一捆芦苇秆切成长度为 10~20 厘米的样子。

3. 把这些东西挂到隐蔽的地方，或者放在之前清洗干净的空罐头瓶子里。

迷你池塘

精致的迷你水上花园

你需要：最少 20 厘米深的不漏水的碗 * 水培植物 * 水培植物肥料

1. 可以自由漂浮的水浮莲是最适合的。如果你想把花桶改造成迷你池塘的话，那你可以种植花中的明星品种，比如睡莲（奥罗拉睡莲或福禄培尔睡莲）、凤眼莲或者梭鱼草。无论如何都需要再种上那些能够提供氧气的植物，比如蘸草或者水剑叶。

2. 每平方米的水域最多种植五种植物，其中睡莲的品种不宜多，一个就好，要不然就会太拥挤。

3. 迷你池塘应该设置在半阴凉的地方。后期补给时每次可以在水中加上几滴水培植物肥料。冬天时把迷你池塘放置在采光好的地方，温度最好能达到 15~20° C。

阳台上的一片繁华

春天的降临毫不留情地赶走了冰神，在这之后，阳台上的最后一批植物居民就可以转移到户外去了。

幸好，在德国五月中只有5天时间需要和冬天进行最后一次抗争。请注意：日历上冰神节（德国）是从5月11日～5月15日。但是这个标记方法还要追溯到阳历引入之前的年代。事实上，寒流的最后一次侵袭应该是在5月23日～5月27日。

异域植物盛开的信号

紧接着就可以嗅到清新迷人的气息了，这一切好似晚霜的馈赠。这时你就可以把那些花桶中的异域植物从它们的"过冬地"搬出来了，左等右盼终于可以将它们展示到花园中去了。因为它们必须学习如何适应阳光，所以开始时要把它们放在阴凉的地方，或者至少用一个薄薄的纤维网替它们遮挡一下正午的烈日。小花矮牵牛（见77页）和矮牵牛这时可以正式进驻阳台。番茄、黄瓜、西葫芦和其他喜阳的蔬菜应该也很高兴，因为终于可以生活在户外了，再也不需要委屈自己每天透过窗玻璃来长时间地晒太阳了。对这些植物也适用的一个规则是：你要让新移植的植物慢慢适应光照；在你把它们种植在花桶或者花箱之前，一定要注意植物间的间距（见36页和96页）。太阳这时已经相当厉害了，园丁自己也要注意防晒，避免晒

较大的桶装植物最好是用双轮手推车或者背带来运送，也可以请邻居帮忙搬运。

不论是热闹的阳台，还是典雅别致的阳台，都适合种植小花矮牵牛。

经过一个冬天的休息之后，夹竹桃就可以搬到户外享受新鲜空气了。

像园丁一样，现在要把桌椅搬出来了。

伤。在阳台被瓶瓶罐罐完全占据之前，你最好已经定好相应的防晒和防窥视方案。从 142 页开始，我们会在这方面给出一些抛砖引玉的点子。

在第一次购物之后，如果还有种植空间，块茎植物应该是很值得尝试的，比如菊芋（见 63 页）、剑兰、秋海棠、雄黄兰或者百合。你可以立马就着手种植它们。和这些植物一样，种植时如果能在花盆里加 3~4 把沙子，那么想必美艳的大丽花也会为此感谢主人的贴心，因为内涝会使大丽花的根茎烂掉。长有芽的相对较老的茎干，如果要插种的话最好是种在土下 5 厘米的位置，芽朝上。单单大丽花就可以用它的颜色使你的阳台或者后院美丽数周时间。大丽花开花最早的品种在六月份开花，最迟的在第一个霜冻期开花。大丽花色彩缤纷，可以说是无数种色彩的组合，花型多样，从睡莲花型到仙人掌花型，各不相同。不管怎样，你一定要预留出足够的空间，你要优先考虑那些低矮的、十分结实的品种，比如阳光般金黄色的“黄色喷嚏（Yellow Sneezy）”，它只有 40 厘米高。

建议：大丽花以及其他的块茎类植物，四月或五月初就可以在花盆里种植了。花盆放置于室内明亮且温度适宜的地方。这种生长条件可以使它们在五月底搬到户外之前在生长方面获得优势。

欢乐的夏之花

它们适合所有喜欢生活中充满变化的人：一年生的阳台植物和彩色的夏天花朵一样，虽然花期只能延续一个季节，但是却繁花似锦，璀璨异常。这种植物还有一个优点就是，种植和养护起来并不麻烦。

无数美丽的花朵等着来装饰你的阳台，但是阳台就只有那么一点大，能一次种植10株植物吗？既然如此，你可以选择种植一年生的阳台植物，这样就可以每年都给自己的绿色帝国增添新面孔了。想要立竿见影看到效果的朋友们，可以把那些桌子上摆放的以及半开花的植物计划在内。你可以移植龙面花、马鞭草、小花矮牵牛以及其他类似的植物，定期浇水施肥就可以。它们可以把你的花箱、花盆以及花篮变成一片花海。

袋子里的小幸运

如果混合种子袋里恰好有你喜欢的植物的种子，那一定会给你带来惊喜。你到底是想要一个蓝白鲜花的空间来吸引蝴蝶呢，还是想找一些适合生长在特别炎热的地方的品种？在无数的混合品种中，肯定有一款适合你。你可以直接把松散开的种子撒在装好土的花箱或者花桶里。根据包装上的使用说明，把种子浅浅地埋在土里，轻轻按压，然后浇水（见34页）。

种子袋的优势在于，种子嵌在细细

就像养护观赏性的药草一样，需要定期将开败的花朵去除。

早期种在土壤里面的向日葵在生长上比较有优势。

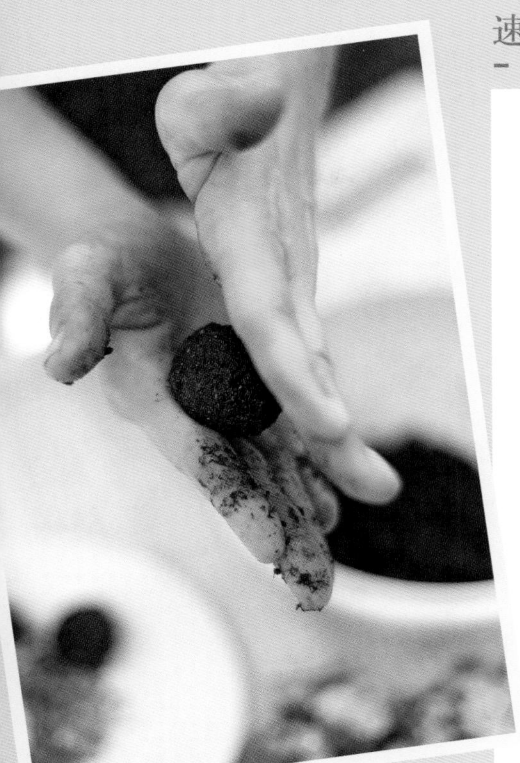

速成教程

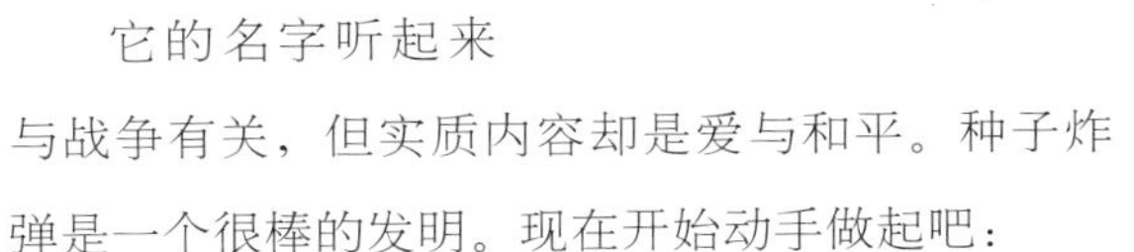

自制种子炸弹

它的名字听起来与战争有关，但实质内容却是爱与和平。种子炸弹是一个很棒的发明。现在开始动手做起吧：

* 不同品种的种子相互混合在一起，然后再搭配肥料和陶土粉，混合比例是 1∶3∶5。浇水浇到土壤有了黏性就可以了。

* 把土捏成核桃大小的圆球，然后放置在一个太阳直射不到但通风良好的地方干燥，之后可以扔着玩或者送给朋友。

建议：如果加上当地的野生植物，比如虞美人和矢车菊，就可以保证良好的出苗率。

的纸层间，相互之间的间距也刚刚好。种子纤维网或者种植盘尺寸相对较大，适合花盆或者花桶。你可以用剪刀把它们剪成合适的大小。当然你并不一定要种植丰富多彩的混合种子，也可以种单一的品种。大的种子比如葵花种子都是 3 颗一组种植，但是只需要留下那个最强壮的萌芽，剩下的可以移植到其他花盆里。万寿菊、百日草和金鱼草都属于夏天开花的植物，可以直接种在户外。这些花还可以直接收获种子，前提是，一定要种植可以留种子的品种（见 31 页）。

你需要等待，等到开花后种子成熟，差不多完全干了就可以采摘下来来年再用。选择阳光充裕、空气干燥的一天打开果荚，或者敲击那些之前就装在透明纸袋里写上字的果荚。这些种子需要避光保存在干燥的地方，保留至春天。不要忘记去种植两年期的植物，比如须苞石竹（见 48 页）、蜀葵和紫花洋地黄。播种后，它们在第一年里只会长玫瑰花形的叶子，到第二年开花，之后就是拼尽全力绽放。

循序渐进：种植容器里的装饰性花朵

在最后一次晚霜之后，阳台上的花朵就准备好要隆重登场了。在经过短暂的适应期后，它们将呈现出最好的状态。

种花所需的设备：

阳台花箱、花桶或者花篮

沙砾和膨胀黏土

花园纤维网

花卉土壤　种植铲

植物

首先把沙砾和膨胀黏土放在种植植物的容器里。标准的阳台花箱大约4厘米高，这样可以改善排水问题，避免多余的水分积聚，造成烂根。

1

在花箱或者花桶里种植真的就像个儿童游戏。然而在你开始动手之前，应该检查一下选出来的容器是否已经有了排水孔。很多买来的塑料容器上虽然有孔，但是还需要钻开。即使是那些标记着“自行建造”的容器，有时候也需要你用手摇钻或者电钻来打孔，如果是塑料制成的花袋用剪刀就可以了。

建议：如果用土把塑料花袋装满，袋子紧贴在地面上，即使有排水孔水也流不出来。如果是这种情况，可以用一个木托盘来当底盘，这样水就可以渗下去。如果要在挂着的花盆里种花，最好同时种两盆，绝大部分的挂式花盆都是圆形或者锥形的，这样它们就可以保持垂直。或者你也可以直接把挂着的花盆放在一个大小合适的立式花盆上。

在排水系统上加上透水的纤维网，或者放一层薄薄的织物，这样在花期之后就可以很轻松地把膨胀黏土和土壤分开了。

首先我会把花箱装满三分之二的土，这时我就会试一下，在什么深度应该种植哪种植物。最好是竖直生长和挂式生长的植物交替种植。

现在把植物从花盆里挖出来，放置在花箱中合适的位置，再培上些土壤，并把周边的土壤朝花球上轻轻按压一下，之后就可以继续种植下一株植物了。

我把土装到离花箱边缘大约 2 厘米的地方，这样浇水时水就不至于溢出花箱了。最后，去掉喷头将花箱彻底浇灌一遍。这样就可以啦！

最好的夏之花——屡试不爽

龙面花

J F M A M J J A S O N D

种植间距：20 厘米

生长：龙面花可以长到 25~40 厘米高，形态有高矮之分，矮的呈半直立状，高的甚至可以长成浓密的倒挂状。龙面花也适合种植在挂式花盆里。

花朵：与金鱼草的花朵相似，有白色、黄色、玫瑰色、红色和紫罗兰色。

养护：放置在温暖有遮挡的地方是最理想的。永远不要让土壤缺水，每周施加一次液体肥。当花朵渐渐不再那么繁茂时，将花朵剪掉一半留一半。

附加建议：“冰上的樱桃（Cherry on Ice）”的花都是多色的，能带给我们更多惊喜。

蓝眼菊

J F M A M J J A S O N D

种植间距：30 厘米

生长：这种阳台植物高达 30~50 厘米，深绿色肉质叶子，长得圆润矮壮。

花朵：与春白菊的花朵相似，蓝眼睛呈白色，不同的变种呈黄色、橙色、玫瑰色和紫罗兰色。它还有很多其他颜色的变种。

养护：要注意防止霜冻。光照越多，花朵越繁茂。不要让土壤缺水，每周施加一次液体肥，凋谢的花朵都要去掉。

附加建议：“旋转双轮马车（Whirlygig）”的花叶是卵圆形的。

向日葵

J F M A M J J A S O N D

种植深度：2 厘米

种植间距：40 厘米

生长：这种花可以长到 5 米高，但很多适合种在花园里的品种却只能长到 1.2~2 米。

花朵：闪闪发光的黄色舌状花瓣绕着深色的雄蕊。也有一些花朵繁茂的品种，比如“泰迪熊（Teddybär）”，大约 50 厘米高。

养护：提早给它搭架做支撑，弯折的花朵可以用竹竿或者胶带支起。

附加建议：像“小吃（Snack）”这样的品种，花盘很大，烤一下就是一道美食了。

■= 播种　■= 种植时间　■= 开花时间　■= 收获　☼ 光照　◑ 半阴凉

小花矮牵牛

J F M A M J J A S O N D

种植间距：25 厘米

生长：这种花可以长到 60 厘米高，绿色的叶子上有攀缘茎，因此种植在挂式花盆或者阳台花箱里会很漂亮。呈球形密集生长。

花朵：花朵不仅有很多浓墨重彩的颜色，还有清新的粉蜡色。

养护：最好是放置在一个遮风挡雨且光照好的地方。如果是种在阴影处，开的花就比较少。每周施加一次液体肥。如果茎干是绿的，但是叶子泛黄，可以施加一些牵牛花专用肥料。

附加建议：定期修剪能够促进开花。

马鞭草

J F M A M J J A S O N D

种植间距：30 厘米

生长：从直立到悬垂式，嫩枝可以长到大约 25 厘米。看起来像药草，小叶子上有细细的茸毛。

花朵：由无数小小的花朵构成紧凑的伞状花序。有很多种颜色，如白色、杏色、玫瑰红色、紫罗兰色以及胭脂红色。

养护：要注意定期浇水。每周在水中加上液体肥浇灌一次。

附加建议：开败的花序要剪掉（在正好长成的真叶上方大约 0.5 厘米的地方修剪）。这种植物买成品比自己播种要好。

甘薯

J F M A M J J A S O N D

种植间距：40 厘米

生长：多亏它那长至 150 厘米的攀缘茎、闪烁着绿色或黑紫色光的不同品种的漂亮叶子，虽然没有醒目的花朵，甘薯还是能够引人注目，给满是鲜花的阳台别样的景致。

养护：这种植物需要很多水，每周需要施加一次液体肥。

附加建议：虽然观赏价值很高，人工培养的品种也还是可以食用的。九月份收获的甘薯块茎应避光储存，来年三月中旬开始放到房间里。五月份种植。

色彩斑斓：异域的桶装植物

种花虽然是件小事，但有时我们并不想简单行事，而是想要大操大办。来自遥远异域的桶装植物倚仗它们那色彩明艳的花朵使我们激动异常。它们的出现使人即刻就可以在阳台上拥有度假的感觉。

木槿、茉莉、叶子花……很多桶装植物单是名字听起来就像一句承诺，不可否认它们还会激起我们的思远之情。即使度假是一件惬意的事，可是谁又愿意大夏天奔波劳累而错过在家里的最好时间呢！有些本地的植物在酷热中呻吟着,另一些花盆中的“美人”却能在这时呈现最佳状态。高温季节开花的那些中等身材的植物，像夹竹桃（见 82 页）和有魔力的南太平洋的美丽植物（比如马缨丹），都是阳光虔诚的信徒。30℃时放阴凉处？不，阳光越多越好！这些来自异域的植物在冰神节过后就可以长期放在户外了，它们需要更多的光照。

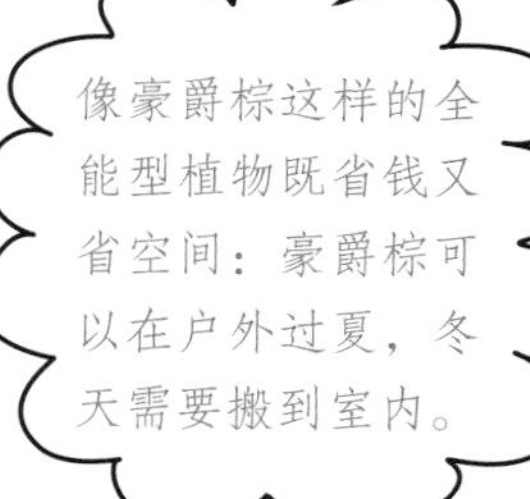

夹竹桃能带来“美色”，还能带来异域远方的气息。

一年中的美丽疗养

那些在室内过冬的植物才能给你带来夏的优雅。为此，在需要时你可以给那些植物换一个新的花盆（见 80 页），修剪一下这些植物。“理发”时最好不要把它给剃秃了。干枯的嫩枝和你怀疑有病的部分，比如不像其他部分那样粗壮的部分，都要剪掉。如果很多枝条很讨厌地长到了树冠的内部，就会使树冠更密并且光线更暗，这时你也需要把那些枝条剪掉，专业术语叫作剪枝。此外，你还可以利用这个机会把木本植物修剪雕琢一下。绝大部分桶装植物修剪起来很容易，因为它们本来就有一个圆形或者椭圆形的树冠（见 54 页）。基本上，在购买时我们就该问一下这种植物什么时候该修剪，该怎么修剪。有些品种，

木曼陀罗是桶装植物中最耀眼的一颗明珠。但是请注意，这种花有剧毒！

比如夹竹桃，长出花苞并灿烂绽放时已经是秋天了。春天里疏于修剪的人，后面一定会后悔。并非把所有的嫩枝都剪掉，修剪的规则就是，每年从最老的枝条中选出 1~3 根，然后直接剪掉。

讨人爱的后期补给

开始时一切顺利，这些长途跋涉来到异国他乡的明星花朵，到九月份都还花团锦簇，色彩艳丽。像茉莉花或者鸡蛋花这些植物，花香浓郁，常常让人流连忘返。芬芳的气味虽然令人印象深刻，但是为此植物却需要耗费很多能量。这也不奇怪，当它们快要消耗尽能量时，恰好它们又在开花，这时很多品种对水和肥料的需求量就变得奇大无比。曼陀罗、红千层、白花丹（见 83 页）以及其他相关的品种，主要的生长期是五月到八月底，在这段时间里你都该每周在水中加上液体肥浇灌两到三次作为能量补给。作为回馈你会看到它们不断盛开的花朵。从八月底开始，阳台上那些植物中的健将就逐渐为它们户外的生活做准备了。这意味着从现在开始可以停止供给营养丰富的肥料了！植物这时“节食”有比我们人类更为重要的一个原因：它们在为即将到来的寒冷季节做准备，通过锻炼使自己变得强壮起来。但是这一招只适用于那些营养需求不算旺盛的植物，否则的话嫩枝就会过于柔软，易受害虫、疾病和低温侵袭。此外，如果你已经在思考如何以及在哪儿让你的白花曼陀罗过冬，那么你可以去花卉商店寻求帮助，很多花卉商店会向你提供植物过冬的服务项目（见 131 页）。

循序渐进：花盆巨人的腿部活动范围

太小的鞋使人气恼，太小的花盆也一样：请给夹竹桃及相应的植物提供更多的空间和肥料。你可以通过定期给它们换花盆来实现这个目的。这一招也适用于那些大个头儿的植物。

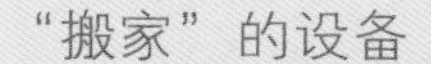

被移植的桶装植物

较大的盆

帆布垫子

刀子

种花的土壤

洒水壶

第一步，我会先在新花盆里装上一些土。根据植物的大小决定使用多少土：植物根茎的上部应该在距离土壤表面3厘米左右的位置。

1

薄的塑料花盆有一个优点，就是如果它们太小的话，就会被发现，不至于被忽略。如果家太小，很多植物直接就会“溢”出这个小家。当然你不会允许这种事情发生。每三年就需要给植物换个花盆。新花盆的直径最好比原来的大3~5厘米。但是经过几次移植之后，阳台上的空间就显得太局促了。如果出现这种情况，你就可以把植物从花盆里挖出来，尽可能把周围的土都刨下来，同时避免根部受到较大的损害。然后用一把锋利的刀子从球茎上切下蛋糕大小的一块，注意不要一直切到正中间，否则的话会伤到主根。然后将球茎重新放回老花盆中，填充上新的花卉土壤。这样植物也能得到营养补给。

然后我会将植物从原来的花盆里移出来。移植前先提前几个小时浇上水是最好的。移出时请牢牢抓住它，轻轻压着花盆。必要时可以把原来的花盆剪开。

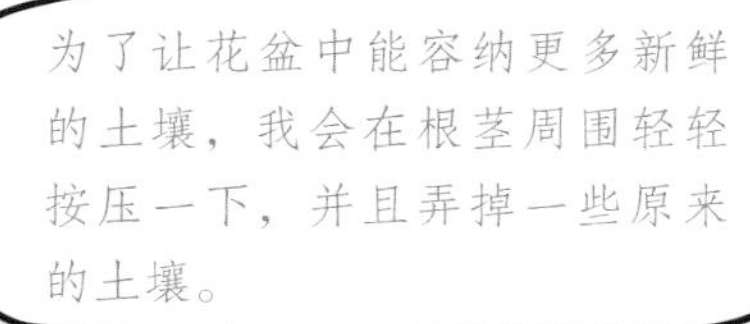

为了让花盆中能容纳更多新鲜的土壤，我会在根茎周围轻轻按压一下，并且弄掉一些原来的土壤。

现在我可以把球茎转移到新的花盆中去了，然后填充上新鲜的花卉土壤。同时，我会根据花盆的大小，预留出来 2~5 厘米的高度用来浇水，避免浇水时水溢出来。

最后要浇透水。然后就可以仔细观察植物是怎样加速获取新能量的了。

最好的桶装植物——屡试不爽

夹竹桃

J F M A M J J A S O N D ☼

花桶：直径最少比花盆大 10 厘米

生长：0.8~2 米高，常青型灌木，拥有皮质感的叶子。花朵呈白色、黄色、红色以及与众不同的粉蜡色。

养护：一定不能使其缺水，每周施加两次液体肥，每年换一次盆。过冬的建议：尽量晚些将它搬到过冬的地方，短期高于 –5° C 的霜冻夹竹桃是可以承受的。保证过冬地方的光照，保持 0~10° C 的温度即可。

附加建议：每年剪掉 2~3 根最老的枝条，之后它会长得更漂亮。

百子莲

J F M A M J J A S O N D ☼

花桶：直径最少比花盆大 3 厘米

生长：由漂亮的带状叶子构成的硕大花球，呈纯白色或者蓝色。

养护：要放在防风的地方，凋零的花朵要剪除掉。土壤干了之后再浇水。每 14 天施一次肥。过冬的建议：放在没有霜冻的明亮的或者阴暗的地方。在明亮的地方放置开花会较早。

附加建议：如果根顶了出来，那就需要换花盆了。新的花盆至少要比旧的花盆大一些，否则的话长的叶会比花多。

红千层

J F M A M J J A S O N D ☼

花桶：直径最少比花盆大 3 厘米

生长：1~3 米高。根据修剪的不同，可以长成细长的灌木、球形的矮树或者花冠为球形的高茎干树木。叶子呈皮质，花呈红色、粉色或者嫩黄色，看起来像瓶刷子。

养护：不能使土壤干燥，每 14 天施肥一次，剪除枯萎的部分。在很明亮的地方过冬，最佳气温是 12~15° C，可以承受的最低温是 5° C。

附加建议：在五月和八月分批开花，在明亮的地方过冬，十月和来年二月也会开花。

■= 花季期　　☼ 光照　　◑ 半阴凉　　● 阴凉

白花丹

J F M A M J J A S O N D

花桶：直径最少比花盆大 3 厘米

生长：不要把白花丹和半灌木蓝雪花（角柱花属）相混淆。可以长成矮树或者高茎干树木。有无数蓝色或者白色的花朵。如果作为柱状树培养，它能长到 2 米高。

养护：土壤不能干，避免排水不畅造成烂根。每 14 天施肥一次。五月底就可以把它修剪成自己喜欢的形状了。最好是放在 5~15° C 的明亮的地方过冬。如果在阴暗的地方过冬，绝大部分叶子会掉落。

附加建议：紫花丹（*Plumbago indica*）开淡红色的花朵。

橄榄

J F M A M J J A S O N D

花桶：直径最少比花盆大 3 厘米

生长：形态多样，可以是多节疤的四季常青灌木、小树木或者长有坚硬的灰绿色叶子的高茎干树木。黄色的小花很不显眼。

养护：只有当土壤缺水的时候才浇水。每 14 天施肥一次。这种植物喜欢被修剪，最好在秋天进行。在特别明亮的地方保证温度在 5~15° C 就可以过冬，理想温度是 5° C。

附加建议：要想见到果实的话，至少需要 2 棵小树或者自行授粉的品种，比如“戈达尔（Gordal）”。核果很漂亮，但是要腌渍好几次后口感才好。

倒挂金钟

J F M A M J J A S O N D

花桶：直径最少比花盆大 3 厘米

生长：形态多样，可以是灌木状的，也可长成高茎干树木。品种不同，高度各异，0.2~5 米不等。醒目而多色的倒挂金钟有红色、浅红色和紫罗兰色的。花箱中的种植间距为 15 厘米。

养护：土壤缺水时再浇水，每周施肥，剪除掉枯萎的部分。球茎避免阳光暴晒。过冬前，嫩枝要剪短三分之二，放置在 3~10° C 的向阳处或阴暗处。

附加建议：为了使其长出更多的分枝，四月时就可以把嫩芽尖剪掉。

造型：三楼的南太平洋风情

为什么阳光、沙滩和鸡尾酒只能停留在想象中呢？配上合适的植物和装饰，你自家的房顶、后院或者小阳台也可以立马洋溢着加勒比海的风情。

你可以在某个夏日的傍晚穿上美丽的衣服参加楼顶的户外休闲活动。当然也可以在阳台门前做点什么，比如烧烤或者和喜欢的人一起庆祝。没有领带也没有晚礼服，但自己调制的美味鸡尾酒必不可少。这样，加勒比海风情立马扑面而来。

棕榈树下

任何阳台上都不该缺失的东西就是棕榈树。从花盆种植的角度来看，最合适的品种就是那些在晚秋时节可以移入家里的品种。比如欧洲矮棕，它的叶子特别漂亮，呈扇形，有多片嫩叶，长得像灌木。还有那种垂直向上生长的华棕。如果空间紧张可以种植荷威椰子。荷威椰子生长较慢，交错生长的叶子也不会那么挡道，形状比之前所说的两个品种要尖。袖珍椰子和散尾葵更平和。这两个品种都有柔软的叶子，长得笔直，因此很省空间。如果想要给自己栽种的植物在十月到来年四月提供一个过冬的场所，既明亮、凉爽又没有霜冻，楼梯间是一个不错的选择。在那儿，种植受很

信息

竹子火把在晚上能营造一种浪漫的气氛。如果是在特别狭窄的地方，你可以选择一款安全又无烟的太阳能灯笼。

木质露台和棕榈树的组合营造出一种轻松的度假气氛。

给混凝土墙和折叠椅涂上漆，南太平洋的感觉就更完美了。

健壮的马缨丹，其美艳的色彩使人激动不已。

多人欢迎的山棕是再合适不过的了。如果放置的地方既挡雨，又没有穿堂风的话，再加上山棕树那向上交织生长的叶子以及透气的纤维网，山棕甚至可以在户外过冬。但是若想重新回到更温暖的原野，你最好用鲜亮的颜色来呼应，这样才能相得益彰。在科帕卡瓦纳，植物的色彩看起来比其他地方更浓郁（科帕卡瓦纳是巴西里约热内卢南边的一个区，以它绵延4000米的海滩而出名，是世界上最著名的海滩之一）。鹤望兰耀眼的花朵会使人想起天空掠过的蜂鸟。这种花对于很多人而言就代表着异域。繁茂的朱槿是粉色的，黄色上面带一点斑点的是覆盆子。这些植物能使观看者立马感觉仿佛是在度假中。你可以布置各种装饰物。藤织的垫子可以用来装饰阳台护栏，还可以用水果箱在合适的地方堆砌成沙滩酒吧的外围。由白色亚麻布或者彩色丝胶制成的阳伞以及小的艺术喷泉能给“南太平洋伊甸园”带来一片清爽。如果有一个封闭型的护栏和高效率的吸尘器的话，甚至可以将脚直接伸进沙子里。另外，还有人选择用藤织的垫子或者木质地板作为休息的地方（见141页）。躺在藤制躺椅上，以这种独特的方式静静地享受这种放松的氛围。同时你还可以听到大海的声音：直接拿一个作为装饰品的贝壳放在耳边就可以让海浪把自己带走了。

灌溉：从容应对高温

游泳池旁有清凉的“饮料”，而此时你的植物却不得不在家干渴着吗？为了可以安心地去度假，你可以按照下面的方法解决这个问题。

有一些临时帮人照顾植物的人可以使一个花团锦簇的花园在一周之内面目全非。也有一些人，我们不敢请他们帮忙，因为经过他们照顾后植物看起来比以前更好。这两种方式都是下策。然而，如果请好友或者邻居帮忙，而且在去度假前跟对方讲清楚自家植物的喜好，那一定会十分有用。为了确保万无一失，需要做到：和别人分享你关于植物的知识，给你临时邀请帮忙的人写一个小小的清单。更好的做法是，如果可能的话根据植物的需求把花盆分开，比如左边是好几天不浇水也没问题的植物，右边是每3天就该浇一次水的植物，中间部分是那些必须每天照料的植物。摆放时注意，最好是伸手就能够到。

节约水和时间

略施小计就可以减轻你以及临时帮忙的人的负担，比如在花盆上安装一个蓄水器。花盆最好是双层底，只要植物已经真正地扎了根，这个蓄水器就可以实现植物的自助吸水。在起初的两到三周里需要采用地面浇水，之后再使用注入管浇水。对于初学者而言，最完美的是配上了水位标尺的蓄水箱。普

绣球花需要大量的水分——这一点也应该让帮忙看管的人知晓。

滴灌可以使你的植物整个夏天都得到最完美的照顾。

速成教程

水动力供应站

有时候即使没有临时看管者也可以：周末短期旅行的一个简单又廉价的解决方案就是使用灌溉嘴。

* 灌溉嘴就是一个有螺纹的小漏斗。你可以将任一标准的饮料瓶拧到上面，不论是塑料瓶还是玻璃瓶都可以。但是如果花盆较小的话，那还是用轻便的塑料瓶更合适，这样不至于把所有东西弄翻。

* 用长钉把瓶子颠倒过来插在土壤里。推荐你去试一试，看每一个花盆需要几个瓶子以及插上之后需要间隔多久给花盆里供水比较合适。

通的阳台花箱后期可以装备上那种按尺寸剪开的储水垫，垫子可以铺在箱底。如果箱子较大，则厚 3~5 厘米、由沙砾和贝壳构成的具有装饰作用的覆盖层可以减少水分的额外蒸发。

或者你可以为绿植们挂上“静脉滴液装置”：在植物旁边放一桶水，然后将织物条的一端浸入水中，另一端压进湿润的花卉土中约一根手指的深度。根据同样的原理，在市场上还可以买到其他类似的更专业的浇水装备。这些装备的工作原理都是一样的，即插入土中的陶土柱通过细细的软管把水从水桶中吸出来。最好度假前先测试一下每个花盆中需要几个陶土柱以及每天需要几升水。如果你家中的花盆样式繁多，还是值得买一个专业的滴灌装置。这种设备可以直接安在水龙头上，能够持续不断地或者间歇性地（借助定时器）给植物提供适当的水量。

亲爱的，那些必须定期去做的事情

虽然并不能说如果不做一点园艺工作的话整个夏天就会在无聊中度过，但有些事情还是需要你定期去做的。不要担心，对你而言，其实不过是小菜一碟。

很多人会和他们的绿植说话，但绝大部分园艺初学者或许从来都不会承认。但是如果你在那些长期种植的绿植迷中做个问卷调查的话，你就会发现事情的确如此。是他们疯了吗？正如人们所感受到的一样，这样其实是有效果的。因为有证据表明与植物讲话植物就会生长得特别好。一个简单的原因就是：在跟植物说话时，一般你不会隔着一个房间来做这件事，你一定是把植物放在自己面前，一边说，一边还在观察它。这样如果植物有什么问题的话，你就会立马注意到。比如植物的叶子耷拉了下来，这时即刻喷一点水就能使它重新打起精神来。

阳台越通风，就越有必要给像蓝钟花这样的高秆植物搭建一个支架。

初夏与夏末浇水都是最重要的事情，但是不要把水浇到叶子和花上，而是尽可能直接浇到土上。浇水时你需要把一些叶子撩起来，这时你可以顺便瞥一眼叶子的背面，这个地方是害虫最喜欢的潜藏地。此外，注意观察是否有害虫出现的征兆，比如叶斑或者植物部分地方出现的腐烂，同时还要注意及时清除凋谢的部分。

始终处于最佳状态

如果花盆中的土壤变干，水很难下渗，就可以断定土壤板结了，这时应该用短柄锄头或者勺子松土。如果花盆很小的话，小心翼翼地松一下表面的土。如果在花槽或者大的花桶里也出现类似状况，松土也值得一试，因为用这种方式可以避免漫灌。漫灌的过程很容易造成水分蒸发，多数漫灌都会导致土壤板结。

同样重要的还有：对那些“胃口”大的植物要及时补给肥料。大“胃口”的飞燕草、长期开花的小花矮牵牛、花

飞燕草开花后可以把它剪短。如果幸运的话，它还会在夏末时重新开花。

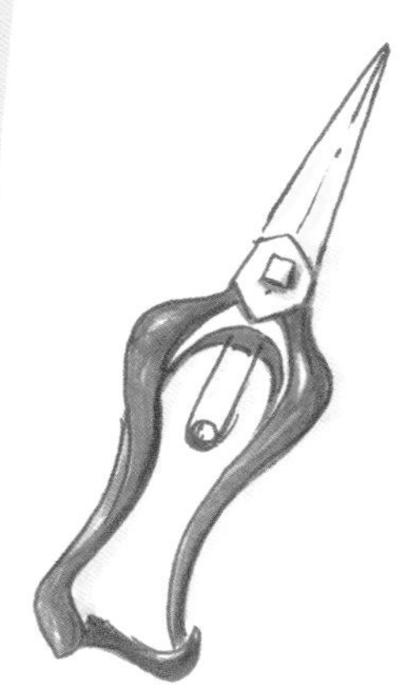

桶里的庞然大物曼陀罗，如果这类植物在花季出现某些症状（如“胃口”减小了，或者有了黄叶），绝大部分情况下只需要施加一些长效肥就好了。如果没有长效肥可以用液体肥临时填补供给的空缺。一般而言，那些灌木也比较容易满足，所以整个夏季只要给它们施几把混合肥就可以了。肥料可以帮助它们在春天发芽。很多品种生长得特别茂盛，以至于头太重，仿佛什么时候头就要歪倒下来了。因此，飞燕草以及很多较高的开钟形花的植物，比如百合、大丽花，还有一些夏天开花的植物，比如向日葵，它们都需要一个支架。你可以在土里插入一根竹竿，深浅取决于花和花盆的大小，然后把嫩枝绑在竹竿上。或者，你也可以选用金属、塑料或者木质的环形半灌木支架。最好是在五月初装上支架，然后植物就可以很顺利地扎根生长了。此外还需要着手准备夏季的美丽护养：凋零的都要及时清理，因为这样做之后会长出更多新的花苞。比如像天竺葵这样的植物，它们有很实用的预断点：如果把它们的茎干在嫩芽处朝边上折，它们就恰好会在那个位置断裂。对于绝大部分植物，人们都是用剪刀把花以及它们下面的一些小叶子一起剪下来，一般是在下一个子叶的上方 0.5 厘米的地方剪。这样，从叶子的叶腋处又会长出新的嫩芽。这样修剪之后，飞燕草、蓝钟花、西洋蓍草就彻底换了个新“发型”。不要让有较高利用价值的假荆芥错过这次“换发型”的机会：开花过后，在离地面大约 15 厘米的地方剪断。在休息 4~6 周后它就会重新开花。此外，大约在圣约翰日（6 月 24 日）的那一周，你应该对圆球状的树冠和其他有造型的小树进行第二次修剪（见 54 页）。

维生素先行：阳台美食

太棒了，马上要收获第一批蔬菜了！快！开始吧，把这些可口的战利品收入胃中！不过这时你最好好好计划一番，免得竭泽而渔。享受吧，享受它们带给你的味觉体验！

生食，这个概念在不久前还会让你后背发凉打寒战吧？或许这个概念听起来还有点陈旧，但是如果你咬一口那刚刚收获的胡萝卜，或者吃一口自己种的脆脆的樱桃萝卜尖的话，你一定很快就会变成生食迷。然而，比这更快的是植物们的生长速度，比如樱桃萝卜：在春天播种 6 周后，三月初你就可以看到它那粉色的圆球破土而出，也可能是黄色的、紫罗兰色的、白色的或多色的，它甚至可能是塞子状的，因为它的品种很多。夏天甚至可以把这些小小的萝卜收获的时间缩短到 4 周。橡树叶生菜或者皱皱的各种生菜品种，在 4~6 周后就可以由花箱转移到餐盘里了。此外，这种所谓的生菜特别适合单身者：你每天都可以采摘几把散叶生菜的叶子。只要你没有伤及它的菜心，它就会一直生长，直到它被完全消耗尽。渐渐地，阳台蔬菜区、房顶花园或者后院会出现一个空白区。如果想在注视这些地方时不至于因为那片空白而尴尬，那么在刚一开始就播种上几个不同的品种吧。最好在阳台花箱先撒一半的种子，或者新移植一

生长速度较快的蔬菜，比如球茎甘蓝，可以填补采摘形成的空白。

如果土豆的茎叶蔫了，那就说明它已经完全成熟，可以收获了。对于蔓菜豆和矮菜豆而言，如果它们能很干脆地被折断，那就说明它们已经成熟了。球茎甘蓝收获得越早，越细嫩。

部分，两周之后再种植剩下的另一半。这样你就可以更长时间地沉浸在收获的喜悦中，而不会感觉自己像兔子一样，因为蔬菜的生长速度比你咀嚼的速度更快。空白区可能在六月中旬出现，但可以用那些自己喜欢的品种填补上。在合适的气温下植物们会生长得很棒，当然前提还是要保持水分充足。请记得让种子分布得松散一些：在种子的包装袋上就标明了应该保持多大的间距。请把最好的幼苗保留下来，将相对较弱的幼苗移植出去。同样，七月份你还可以尽其所能，比如种植胡萝卜、球茎甘蓝、生菜或者菜豆。如此一来，每一块空地都得到了充分的利用。

太棒了，土豆的叶子蔫了，也就是可以收获了！

在九月中旬之前，你有足够的时间去种植生菜——快快行动吧！

较晚的空白填补者

在由花盆构成的花园里适用的规则是：蔬菜并不一定要以整齐的队列形式生长。如果由于你的外出度假有一两棵向日葵蔫了，就可以移植一个球茎甘蓝来填补这个空白。秋季收获之前，也可以用惹人爱的皱叶甘蓝来装饰你那变得空空如也的花箱。水芹、樱桃萝卜和沙拉甚至可以在九月中旬播种。给你的建议就是：很多蔬菜，比如胡萝卜、沙拉、球茎甘蓝和皱叶甘蓝，它们都有一些特定的品种，一些适合早种，一些适合晚种。注意一下种子包装袋上的说明对你一定会十分有益。早种的品种通常是那些在低温下可以生长得很好的植物，而晚种的品种则相反，它们的生长周期十分短暂。这意味着，生菜类的蔬菜在较高的温度下就不可能迅速地生长与开花。

来自天堂：番茄

这小小的红色圆球名列蔬菜排行榜前列。什么叫“小小的”“红色”还有“圆球状”？这是对番茄的一些很模糊的描述。

从可爱的野生番茄(Wild-Tomaten)、鸡尾酒番茄（Cocktail-Tomaten）到巨大的牛心番茄（Ochsenherz-Tomaten）都属于番茄属，这些品种的果实一个大约都可以达到一斤。它们的外形和颜色多种多样，经常让人产生选择困难症：甜甜的果实闪耀着黄色的、橙色的或者经典的红色光芒，也会有令人大吃一惊的绿色、黑红色或者条纹状的番茄。有些就长一个精致的果子，圆的、椭圆泪滴状或者胖嘟嘟的品种需要用支架加固吗？细秆番茄所占的空间相对较小：想要硕果累累的话，可以剪掉两边会长成花苞的嫩芽，时间当然是越早越好。通过这种所谓的“旁枝修剪”（见图），植物就可以集中全部能量来开花结果了。建议把剪下来的旁枝撒到其他蔬菜间，这有利于驱赶害虫，甚至对蚊子都有一定的作用。

叶腋上长出来的旁枝要及时去除，这样伤口就会很小。

为了能够获得比较稳定且理想的营养供给，长得比较高的番茄品种需要用一个大的花桶来种植，其容积应该达到15~30升。如果是矮木番茄(Busch-Tomaten)，你可以不用修剪旁枝。这种番茄需要更多的空间，但是相对较矮。例如变种番茄“醋栗番茄(Johannisbeertomate)”就适合种在阳台的花箱或者挂式花盆里。在10~15升容积的花盆中，很多品种被修剪到1米的生长高度，这能够保证收获更多的果子。

这样事情就“圆满”了

所有番茄家族的成员都讨厌令它们作呕的天敌——凋萎病和褐腐病。这种霉菌病所表现出来的症状就是，叶子呈褐色并耷拉着，茎干和果实上也有褐色的斑点，几天之内植物就会毙命。因为这些病菌只能够在足够湿润的环境里扩散，所以预防起来也很容易：把番茄放在一个较宽的顶篷下面，或者放在自己亲手做的遮雨棚下面。遮雨棚不能太窄，否则叶子就会沾到水。同时需要注意的是，在浇水时也要避免把植物叶子打湿。市场上有番茄罩出售，这种罩子只有在一定条件下才适合使用，因为罩子下面通常都会形成一些冷凝水。如果不能将番茄放在顶篷或者遮雨棚下面，那么至少应该选择抗病的品种，比如鸡尾酒番茄“费楼维他（Philovita）”或者杆状番茄“幻想（Phantasia）”。

总体而言，番茄在 3 月中旬 ~4 月中旬可以在窗台上种植，播种深度大约 0.5 厘米，3~4 周后再移植到较大的花盆中（见 34 页）。冰神节后就可以把番茄搬到户外去了，种植在你为它最终挑选的那个容器里面。种植的最佳深度是使球茎没入土中约 5 厘米。之后茎干上会形成额外的根，这些根须有利于植物的稳定。一定要把它放在阳光充裕的地方，这样（根据不同的品种）七月份你就可以收获第一批果实了。至少可以长到 50 厘米的品种则需要一个支架。一定不要让土壤缺水，否则长出来的番茄会开裂。

在水中加入液体肥，每周至少浇两次，这样番茄才有足够的能量来结果。

番茄的多样性会使人萌生做实验的念头。你可以和朋友们互换一下疏苗移植出来的品种。

同样有利于结果的方法就是，每天轻轻摇一下你的番茄，最好是在午饭时间。如果花朵繁茂却没有果实，那你可以轻轻按一下花朵，这样会有帮助。

精挑细选：番茄品种

在无数的选项中，我们挑选出了 8 个品种不同但是同样好吃的番茄为例。根据你的心意选择想要尝试的品种，然后可以和朋友交换种子。

“黄色醋栗”

有无数个直径 1.5 厘米大小的果子挂在枝头，口感特别甜，而且芳香四溢。不需要修剪，旁枝较多，很粗壮，适合种植在挂式花盆里。

“绿色斑马”

果实为绿色，上面有黄色或者橙色的条纹。果子单个或成串长出（不用修剪），可以长到 2 米高。成熟的果实拧一下就可以摘下来，重约 120 克。

“白色奇迹”

呈奶油白或黄色，平圆头，需要剪枝，可长至 1.5~2 米的杆状番茄。大的果子有 200~400 克，八月中旬开始陆续成熟。

“玛蒂娜”

算是户外成熟最早最强壮的杆状番茄。可长至 1.5~2.5 米高，红色的果实可达 150 克重，七月初开始收获，果子尝起来是那种香甜的水果味。

"御夫座"

这种杆状番茄从七月中旬起挂果，呈橙色，重 50~100 克。1.5~2.5 米高，嫩枝较少。果子口感酸爽，较早收获的果子口感最好。

"红色的桃子"

这种果子从玫瑰色到红色都有，上面有软软的茸毛，有甘甜的水果味，果子重 50~100 克。高 1.2~1.8 米，有很多嫩枝，因此种植这种植物工作量会比较大。

"黑樱桃"

口感超级棒的一款鸡尾酒番茄，果实重 15~30 克。在挡风遮雨的地方生长产量会很高。七月底开始收获，可以长到 2.5 米高。

"安第斯号角"

杆状番茄，果实长 8~15 厘米，外形看起来像尖椒。嫩枝很少，强壮且产量高。八月中旬开始收获。

最佳蔬菜——屡试不爽

胡萝卜

J F M A M J J A S O N D

种植深度：3 厘米

种植间距：4 厘米 ×15 厘米

养护：种植之后要保持一定的湿度，但是也要避免由于积水造成的烂根现象。如果植物间距太窄可以拔掉一些嫩苗。种植较早的话可以铺上地膜，间隔几周多次播种。

品种：“波列罗 F1（Bolero F1）”产量高，味道好。“纳塔则 2/ 灯塔（Nantaise 2/Fanal）”可以留种子，因此可以长期储存。“紫色烟雾（Purple Haze）”是 F1 杂交品种，呈深紫罗兰色。

附加建议：晚秋时节用纤维网把植物罩上，这样能延长收获时间。

樱桃萝卜

J F M A M J J A S O N D

种植深度：1 厘米

种植间距：5 厘米 × 10 厘米

养护：分隔几周分批播种。定期浇水的话，樱桃萝卜吃起来会很脆，不会太辛辣。食用时可以用盐去去辣味。随着时间的推移，根茎就会冒出地面一部分，这样你就可以看见它长多大了。当它长得足够大的时候就可以收获了。

品种：“18 天（18 Jours）”是微长的、红里带白的品种，可以留种子。“哈克瑟（Raxe）”是经典的圆形樱桃萝卜。

附加建议：新鲜的樱桃萝卜叶子很适合做汤和香蒜酱。

生菜

J F M A M J J A S O N D

种植深度：1 厘米

种植间距：25 厘米 × 25 厘米

养护：三月开始就可以培植了，要注意保持一定的水分，不需要施肥。卷心生菜可以作为一个整体采摘。叶状生菜可以采摘单个的叶子：只要不损伤菜心，这种生菜可以一直长下去。

品种：“斯图加特的奇迹（Wunder von Stuttgart）”是一种很适合留种子的卷心生菜。“红生菜（Lollo Rossa Solmar）”是一种很健康的叶状生菜。

附加建议：优先选择嫩芽型的，这种类型的生菜不会太早开花。

= 育秧 = 播种 = 种植时间 = 收获　光照　半阴凉

大蒜芥 / 芝麻菜

J F M A M J J A S O N D

种植深度：1 厘米

种植间距：5 厘米 × 20 厘米

养护： 土壤不能缺水。4~6 周后芝麻菜就成熟并可以收获了。如果你只是持续不断地采摘外围的叶子的话，这种蔬菜可以食用好几周。在有霜冻的晚上给蔬菜罩上一个纤维网就可以使收获的时间延长到秋季。

品种： 喜欢较辣口味的人，可以不种植芝麻菜，而是种植紫花南芥。这种蔬菜叶子细窄，可以在半阴凉的地方长得很好。嫩叶比稍大一些的叶子口感更温和。

附加建议： 整年芝麻菜都可以种植在窗台上。

菜豆

J F M A M J J A S O N D

种植深度：3 厘米

种植间距：50 厘米 × 100 厘米

养护： 在新移植蔬菜的脚底下堆上土，土堆呈帐篷状，这样在土堆里才能生成额外的根，以提高植物的稳定性。条状的菜豆需要很多阳光，四季豆却还是喜欢在阴凉处生长。

品种： 四季豆“中国豆（Flevoro）”是没有纤维筋的，就像浅黄色的条状菜豆“诺伊堡（Neckargold）”。四季豆对很多典型的豆类疾病都有抵抗能力。

附加建议： 请将香薄荷直接种植在菜豆的旁边，香薄荷可以驱散吃豆子的害虫。

球茎甘蓝

J F M A M J J A S O N D

种植深度：1 厘米

种植间距：30 厘米 × 40 厘米

养护： 这种甘蓝不要种植得太深，根茎不能暴露在土壤之外。种植两周后施加混合肥。注意保持水分，否则果肉尝起来会感觉含有木质纤维。

品种： 白色品种“超级珐琅（Superschmelz）”可以留种子，果实硕大，不含木质纤维。蓝色的“布拉罗（Blaro）”同样适合留种子（见 30 页），而且很健壮。

附加建议： 蓝皮的品种比白皮的更脆，但是生长时间更长。

循序渐进：蠕虫堆肥器

用厨房的垃圾就能制造出营养物质丰富的混合肥。一定数量、乐于助人的蚯蚓也可以帮忙做出一个蠕虫堆肥器，即使是在阳台上也行。你可以自制或者使用现成的堆肥器套件。

需要准备：

制作蠕虫堆肥器的套件

一桶水

小铁锹

手套

厨房垃圾

首先，我需要制作一个收集器。在上面滴一些肥效很好的液体肥，这些液体肥有助于植物生长。通过放气旋塞，液体肥可以流出来。混合肥与水的比例是 1 ： 10。

蚯蚓每天吃的食物的重量有它体重的一半，这对于它来说简直就是小儿科。它最喜欢的是植物类的垃圾、茶包和鸡蛋皮。与普通的堆肥器相反，你可以混合进剩饭和少量的剩肉。而且，像柠檬、洋葱、奶制品以及剪下来的草和叶子就不要扔进去了，因为这些东西在分解的时候会释放出很高的热量，会把蚯蚓“煮熟”。正确操作的话不会有难闻的气味产生。最好是避免阳光直射，还需要遮雨，尽量放在有檐遮蔽的地方。谨慎起见，冬天时你最好用椰子纤维网把它包起来，或者把它放在地下室等没有霜冻的地方。制作堆肥器所使用的工具可以在专业商店或者网上买到。

把椰糠砖像说明上描述的那样放进水中浸泡。

然后我会把第一个盆放在收集器上，把纸板放在盆底。

接着，我会把浸泡好的椰糠放进去，接着放入蚯蚓。只要蚯蚓钻入了土中，我就会撒上厨房垃圾，然后放上透气的固化垫和盖子。

第一个收集器装满后再装第二个收集器。为了寻求新鲜的食物，蚯蚓就会朝上爬。大约六个月后，我就可以从最下面的收集器中取出蚯蚓制造好的肥料了。

专为美食家而生：药草

百里香、香葱、罗勒都是你真正的挚友：气味芬芳，不复杂，只要你需要，它们随时都在你身边。放弃它们的人，只能怪自己……

地中海的药草很适合在炎热的夏天种植：百里香、迷迭香、鼠尾草、薰衣草、意大利蜡菊、冬季香薄荷和牛至。就水分和肥料方面而言这些植物都很容易养，除了在春天施一把混合肥之外，这些“禁欲主义者”是不需要肥料的。1~2 厘米的表层土壤彻底干掉后才需要浇水，可以用手指插入土壤中测试一下土是不是干了。在播种和移盆时推荐使用特定的药草专用土，因为普通的花卉土含有的营养物质太多。种植在花盆中时在播种定植穴里撒两三把沙子来改善排水。这样做很有必要，因为排水不畅造成的烂根是这些阳光追随者的大忌。最好将它们放在能遮暴雨的地方。因为来自南部，所以冬天时要精心地为它们准备一件“小外套”（见 132 页）。

把药草安置在一个箱子里，箱子瞬间就会变成一个美丽的移动药草花园。

毫无要求

香葱、莳萝、罗勒和欧当归与它们的地中海同胞相比，从根本上讲更为喜好水分。如果能使土壤保持轻微的湿润，特别是种罗勒的土壤，那它一定会对你感激不尽，以丰硕的果实回报你——即使是在半阴凉处罗勒都可以生长。滇荆芥、欧芹（法国香菜）以及多种多样的薄荷，它们甚至都可以在阴凉处茂盛生长。对那些长有含丰富汁液的绿色叶子的药草都适用的规则是，除了播种时要使用较好的播种土或者药草种植土之外，其他时候腐殖有机土是最理想的。如果植物在夏天时出现了黄色的小叶子，施加一点混合肥或者 1 勺液体肥就会起效了。

建议：浇水时只需要浇规定剂量的一半就可以，并且要注意观察植物有没有显得更有生机。如果无效的话，则可以尝试在 2 周之后再施肥一次。

速成教程

药草繁殖

1. 插枝

很多地中海药草，比如迷迭香、薰衣草和百里香，都可以直接通过插枝的方式繁殖。请你剪出 8~10 厘米长的嫩枝，摘去三分之一处以下的小叶子。

2. 良埋

然后可以在花盆中填入播种土或者药草土。将去掉叶子的部分插入土中，然后轻轻按压一下嫩枝周围的土壤。

3. 干杯！

大功告成，喝杯水以示结束。要注意的是，接下来几周里土壤不能缺水，这样嫩枝才能生根。如果一切顺利，植物就会开始生长。必要时也可以把它们移栽到较大的盆里。

青春永驻：长久保存药草

在春天修剪过后，你收获的迷迭香比目前你的厨房里需要的量多多了吗？为了更好地保存，你可以立马做一个小仓库。

即使是在储存方面，地中海药草也与其他的鲜绿植物，比如欧芹（法国香菜）、迷迭香、薰衣草等有很明显的不同之处。这些药草最好是风干后再保存。可以把小束的地中海药草头朝下挂在干燥通风的地方，最好也是半阴凉的地方。如果它们干到可以发出簌簌的声音，那么就可以粗略地把它们弄碎，放在可以拧紧的玻璃制品里保存起来。

经常采摘对于罗勒来说是有益的。从叶子分叉的上方把药草剪下来。

酷酷的厨房助手

欧芹（法国香菜）、香葱、罗勒以及其他水分含量较高看起来很水嫩的药草，它们如果干燥了，香气就不再浓郁了。对于它们而言，冰箱冷冻柜是最正确的储存地。你要么把药草剁碎装在冷藏袋里，要么分成小份并加上少许水分装在冰盒里冷藏。那些可爱的没能及时吃掉的药草也可以在下次的派对上派上用场：冰块配上可以食用的花朵（比如琉璃苣、紫罗兰或者雏菊）、冰的鸡尾酒和柠檬水都可以用一种漂亮的方式摆放出来。这样制作出来的饮料很适合自己饮用，当然也适合作为自制的漂亮礼物送人。这种自制的药草产品可以是薰衣草糖、药草盐或者香料油、香料醋。此外，不论是哪种药草，收获的最佳时间都是温暖干燥的晴天。上午大约 10 点的时候或者下午较晚的时候，拿起剪刀去收割吧，这时芬芳的植物油的含量是最高的，味道也是最浓郁的。

速成教程

保存药草

1. 芬芳的花束

想让药草花束尽快干燥，不至于发霉，你可以尽量在扎花束的时候扎成小束。花束最好保存在温暖、通风但是避光的地方，这样不仅可以保留花色，还可以很好地保留药草的有效成分。

2. 迷人的糖果

你需要 150 克食用糖和一汤匙没喷过农药的薰衣草花。把花朵和糖混合到一起，装在一个带螺旋塞的玻璃瓶中，静置 2 周。期间若有块状物形成属正常现象。这样制作的糖果量不多，但香气浓郁！

3. 绿色冰块

把药草清洗干净，剁碎，然后加上一点水放在冰盒中冷藏即可。

最好的药草——屡试不爽

迷迭香

J	F	M	A	M	J	J	A	S	O	N	D

种植间距：30 厘米 × 50 厘米

养护：这种半灌木植物喜欢透气的、不含过多营养物质的土壤。使用专门的药草土壤，在花盆的定植穴里撒两三把沙来改善排水。定期修剪有助于植物茁壮地生长。通过插枝的方式迷迭香很容易繁殖（见101页）。

品种："萨勒姆（Salem）"可以长到 80 厘米高，而且很耐寒。

附加建议：只要没有剪到它那已经木质化的坚硬部分，它就会再次冒出新芽。

鼠尾草

J	F	M	A	M	J	J	A	S	O	N	D

种植间距：30 厘米 × 30 厘米

养护：鼠尾草是多年生的亚灌木，多被当作绿植出售。你也可以在三四月的时候提前把它种在阳台上（种子深度 1.5 厘米），五六月的时候再送到户外。夏天时可以通过插枝来实现繁殖。

品种："三色花（Tricolor）"高 40 厘米，具有很强的装饰性，叶子呈白绿色，部分是紫红色的。"黄斑鼠尾草（Icterina）"叶子呈黄绿色，高 50 厘米。

附加建议：如果不把开过的花摘掉的话，鼠尾草可以自己生成种子。

百里香

J	F	M	A	M	J	J	A	S	O	N	D

种植间距：20 厘米 × 20 厘米

养护：对于百里香而言，质地轻而贫瘠的土壤是最理想的种植土壤。使用药草土壤或者在种植花卉的土壤中加入很多的沙子来改善土壤都是不错的选择。这种植物也可以通过插枝的方式来繁殖。

品种："口木帕克特（Compactus）"笔直生长，长得很结实，高 15 厘米左右。除了这个品种之外，还有十分漂亮的柠檬柑橘百里香，比如高 15 厘米的白绿色"银色女王（Silver Queen）"，或者高 20 厘米的金绿色"奥里斯（Aureus）"。

附加建议：和迷迭香与鼠尾草一样，百里香的香气也是在开花前的那段时间最为浓郁。

■ = 播种　■ = 种植时间　☼ 光照　◑ 半阴凉　● 阴凉

虾夷葱

J F M A M J J A S O N D

种植深度：1 厘米

种植间距：25 厘米 × 25 厘米

养护：每个花盆中种大约 25 颗种子。定期浇水，春天时施加混合肥料。经常修剪花会开得很好，大约修剪到离地面 2 根手指的高度为宜。每 3 年分植一次。

品种：“斯特瑞乐（Sterile）”是不能生成种子的，因此它的花朵在很长一段时间里都很柔嫩，可以作为沙拉具有装饰性的配料使用。

附加建议：晚秋时分挖出一小丛，然后种在花盆里。在第一次霜冻之后搬到房间里，它就会又冒出新芽。

罗勒

J F M A M J J A S O N D

种植深度：0 厘米

种植间距：25 厘米 × 25 厘米

养护：种子只需要轻轻按压到土里。花骨朵要定期剪掉一些。高于 15 厘米之后经常修剪有助于分枝，在修剪时最好在接近子叶上方处剪断。放置的地方阳光越充足，花香就越浓郁。

品种：“吉诺维斯（Genoveser）”是可以生成种子的经典品种。泰国罗勒“暹罗皇后（Siam Queen）”很适合搭配亚洲的菜肴。

附加建议：红绿色的灌木罗勒“非洲蓝（African Blue）”虽然尝起来口感没那么好，但是在 15℃的有光照的地方可以安全过冬。

欧芹（法国香菜）

J F M A M J J A S O N D

种植深度：0.5 厘米

种植间距：0 厘米 × 15 厘米

养护：欧芹种子萌芽需要 4 周时间，所以不要过早地就放弃。叶子可以持续不断地采摘下来食用，只要中间的嫩心还在，就可以冒出很多新芽，所以不要损坏这个嫩心。

品种：“青苔边 2（Mooskrause 2）”是一种可以生成种子的品种，就像“意大利香芹（Gigante d'Italia）”。

附加建议：想要冬天收获的话，最好在第一次霜冻到来之前留出一束欧芹种在阳台的花盆里。

精挑细选：非同寻常的药草

如果可以发现很多可口的药草的话，为什么要局限于吃欧芹（法国香菜）和香葱呢？在此向你介绍 8 种让人跃跃欲试的药草。

丝叶万寿菊

在光照充足的地方或者半阴凉处这种植物都可以长到 30~40 厘米高，在阴凉处会长得矮一些。定期修剪有益于植物茂盛生长，不过这种药草不耐寒。

熊葱

有蒜头般的清新芬芳，但一定不要把叶子全部采摘下来食用。开花过后就可以搬进屋，这样就可以与其他植物组合起来。这种植物一般需放置在半阴凉处或者阴凉处。

草莓薄荷

草莓薄荷尝起来真的很像草莓，很适合做甜点和茶。这种植物需要放置在阳光处或者半阴凉处。经常修剪会使它长得更结实。

甜菊

甜菊的叶子比糖甜很多，需放置在阳光处或半阴凉处。不要让土壤变干，要经常修剪。喜欢在明亮的没有霜冻的地方过冬。

柠檬香茅

对于很多亚洲菜特别是印度菜来说，这种药草是不可或缺的。它们自己可以长成一个吸引人的小丛林。在温暖明亮的地方过冬。在花盆中能长到60~90厘米。

菠萝鼠尾草

很适合做甜点和茶，花朵为红色。开花过后剪短一半。放置在温暖明亮的地方，但是不要被阳光直射。在没有霜冻的地方就可以过冬。

圣罗勒

多年生的圣罗勒有激动人心的胡椒味。放在有阳光的温暖的地方过冬。经常修剪对它有好处，高度在40~50厘米。

一抹香

香气似苹果，5~9月都有白色的小花开放。放置在有阳光或半阴凉的地方都可以。在凉爽明亮的地方过冬。

新鲜空气追随者的健康神殿

阳光在脸上挠痒痒，灯草撩着你的双腿，鼻子嗅到的是一千零一夜的芳香：对于花盆园艺者来说，享受就意味着调动所有的感官。

无数具有香气的植物立马就能被发现——因为它们是最忠实的粉丝花费多年一直在寻找的东西：我们大脑中自我感觉良好的按钮。香气不会持续太久，它们直接作用于大脑的边缘系统，而这个系统就是掌管情绪的。因此对有些人而言，闻一下香子兰就足以在情感上回到童年，或者想起祖母做的让自己爱不释手的热热的布丁；而另一些人通过迷迭香和百里香的芬芳，在想象中就可以完成一次意大利的度假之旅，并在旅行中重新找回自己。你应该好好利用这些特性，有目的性地在你周围放一些自己最喜欢的药草，特别是植物精油气味芬芳，其作用并不止于唤醒那些美好的记忆。在一天劳累的工作之后，如果你想好好放松一下，就和玫瑰花香以及薰衣草香轻柔地摇曳起舞吧！相反，柑橘的气味则使人清醒，茉莉花和南欧丹参不仅可以促进人体循环系统，还能增强性欲……

新鲜的柠檬香和浓郁的薰衣草香可以使人享受到嗅觉带来的快感和放松。

全方位感受

在布置带有香气的植物时，基本的准则就是：跟着鼻子走。如果是在小阳台上种植这类植物，还是推荐你只选择一种花香系列。如果空间较大，则可以设置不同的香味区域——比如在一个角落专门放置那些具有新鲜香味的植物，像香柠檬、墨西哥橘、红千层；在另一个角落放置具有调料气味的植物，像石竹、细叶万寿菊、肉豆蔻天竺葵；再设置一个角落来放置那些具有浓郁的香水气味的植物。后者适用于晚归者，因为欧亚香花芥、夜丁香、鸡蛋花这类植物，它们浓郁的香气只有在黎明前夕

抚摸过百里香，地中海就不再那么遥远了。

罗勒可以使情绪振奋，可做茶饮，也可在沐浴时放入洗澡水中。

才会释放。

由花盆构造的花园提供的不只是个性化的芳香疗法：具有治疗效果或者可以当调料用的药草丰富了芳疗的范围。这个过程也充满了享受。除了那些很熟悉的面孔，比如薰衣草、甘菊或者鼠尾草，还可以邀请西洋蓍草、万寿菊、锦葵或者魔力十足的堇菜加入。用天然产品来尝试那些传统配方——比如用它们来一次轻松舒适的放松浴，清洗一下秀发，泡泡手，或制成护手霜来次手部按摩，或者直接敷在脸上做面膜，美白嫩肤。

建议：不论是从治疗效果还是从调味角度来看，芦荟都是最容易养护的。阳光直射对它而言并没有什么不适，但是在阳光下躺得太久的人，一定知道芦荟那具有冷却作用的凝胶状汁液有多珍贵。直接将最老的叶子剪下来一块（或者只剪一部分），用这个切割面轻轻在皮肤上擦拭，剩下的部分保存在冰箱中即可。最后需要指出的是，健康和舒适也跟胃紧密相关：罗勒、薄荷、枸杞（见117页）、野樱梅、绞股蓝、甜菊（见106页）等都值得你去种植体验一下。

信息

对于茶、鸡尾酒和柠檬水而言，柠檬香脂草、种植在花盆中的不同种类的薄荷都是不可或缺的搭档。它们都是特别容易养护的。

循序渐进：种植攀缘玫瑰

玫瑰是花中之王，也是花香之王。想要在花盆中种植这种植物，应该提前准备，避免因为疏忽“冒犯皇威”。

想要有所收获，你需要：

种植容器

桶

花卉土壤

洒水壶

花园用绳

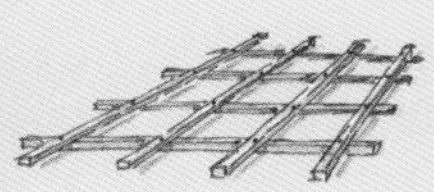
攀缘支架

首先，把攀缘支架固定在墙上。为了避免不必要的麻烦，我会在这之前征得房东的许可。也有一些花箱附带了细网格架——这种东西很简单，可以自己动手做。

最理想的是有 ADR 评分的玫瑰。ADR 是普通德国玫瑰新品测评（Allgemeine Deutsche Rosenneuheitenprüfung）的缩写，拥有该标识表明，这款“贵妇”可以在十一个不同的地方不使用任何植物保护手段存活三年之久。任何情况下都要保证种植攀缘玫瑰的花盆深度不低于 40 厘米，并且必须有排水孔和排水层。修剪枯萎的玫瑰花时要从第一片或者第二片本叶（5 片叶)的上方剪下去。剪的时候剪刀略微倾斜，找准一个朝外侧生长的芽眼，然后在它上面 0.5~1 厘米的地方剪下去。之后，嫩芽就会长大变厚，从这个芽苞里面会生出一个新的侧芽。开始春天的修剪——此时恰好是连翘开花的时节——可把高茎干玫瑰的嫩枝剪短至 20 厘米。攀缘玫瑰有很长的主干，为此需要修剪侧枝，留 3~5 个花苞。

在种植前可以将玫瑰浸在水桶里，直到根部不再朝上冒出气泡。在这个过程中要连花带盆一起放在水桶里。

给新花盆配备一个排水层，然后把土倒进去，但是不要填满整个花盆，根部之上要留一些空间浇水，以防水溢出花桶。然后把玫瑰放进新的花盆，要稍微朝细网格架斜一点。

先用土壤填满花盆，之后再给这位新住户灌足水。

最后把主干绑定在细网格架上，可以用黄麻绳、树木的韧皮或者橡胶扎线绑。等植物长大一些，再重复一遍这个步骤，否则植物长得太大，茎干就容易垂下来甚至折断。

浆果丰收季

无论是甘甜的草莓还是芬芳的黑莓，有人能抵御这些顽皮的浆果诱惑吗？如果长在阳台的它们跑进了某人的嘴里，他肯定会对这些浆果毫无抵抗力……

我们可以用浆果做出无数的美食：浆果很适合冷藏或者蒸煮后装瓶密封保存，可以做成果汁、果冻、蜜饯，也可以装点蛋糕以及凝乳食品，或者浸在朗姆酒中直接享用。理论上可行，实际上却只有很少数浆果能跨越阳台的门槛，因为它们很快就会在阳台上被吃光。要想有好的收成，必须要有一个很适宜的容器来种植。容器越大越好，还要选择一个阳光充裕的地方。很多品种的浆果也可以生活在半阴凉的地方，但是在这种环境下生长的浆果所开的花朵和结的果实相对就要弱小一些。如果阳台朝南，保持一定的水分十分重要，否则的话植物会比较虚弱，全爪螨以及其他一些令人讨厌的家伙就会乘机兴风作浪。

修剪吧！

对于阳台来说，比较实用的是那些节省空间的花卉，比如高茎干的植物或者柱状植物。黑莓和覆盆子需要栅栏的帮助，往往要占用大片空间，但是也适合作为保护隐私防止被窥视的防护墙。关于覆盆子，你可以选择适合在夏季或者秋季种植的品种。夏季成熟的覆盆子果实长在上一年新长出来的嫩枝上。收获果实后请把那些破损的、变得干瘪的枝条剪到接近地面的位置。新长出来的枝条要把它们系牢，春天的时候再修剪到理想的高度。秋季品种比较适合初学者种植：果实收获之后直接把所有的枝条修剪到离地面 5 厘米的高度。此外，大黄不是浆果，浆果一般都比较容易采摘。在 50 升的花盆里种植的浆果，在第二年的四月到圣约翰日（6 月 24 日）就可以收获了。过了这段时间浆果中的草酸含量就会过高。如果你种的是那种夏末才开始生长的，最好将它们搬到庭院里，并把其他花盆推到前面为它挡着阳光，这样种植在庭院里的浆果最好。

攀缘向上的覆盆子不仅能遮挡外人的视线，也可以带来阴凉以及可口的果实。

种植草莓剪下来的枝条

1. 挑选长匍茎

就追求凉爽这件事而言，没有谁比草莓做得更好：其他浆果类植物喜欢脚踏实地，草莓却已经潇洒自在地挂在吊式花盆或者阳台花箱里了。因此它适合摇曳在各种派对上，当然也适合装点袖珍型阳台。特别实用的是，草莓会长出长匍茎来，也就是植物的攀缘茎，那些刚长成的小果子就可以以此为依靠。由于新长出来的茎干需要消耗能量，因此一般需要把它们除掉。但是想要增产的话，上面那些小果子还是很棒的，可以留下来。挑选时注意从母株中选出几根强壮的长满浆果的长匍茎。

2. 占得先机

用一个发夹或者弯曲的金属线把剪下来的这些袖珍小植物加上土固定在花盆里。在未来的几周里土都不能干掉，这样长匍茎才能长出新根。只要新果子冒了出来，你就可以把它们和母株相连的枝条折断。这些小果子都是超棒的小礼品，比如可以制成草莓果酱装在玻璃瓶中。剩下的浆果你可以冷藏起来。为了使浆果保持其形状，过一段时间，可以将浆果由厨房的砧板上挪到冷藏室。为了节省空间，初冻之后就可以把浆果装到合适的容器里了。这样你就常有高质量的浆果储备，可以用它们来做可口的脆饼蛋糕了。制作这种蛋糕时你只需要准备 250 克融化了的白巧克力，加入 100 克无糖燕麦片，然后把这些糊状物做成膨松的蛋糕。之后将 250 克奶油搅拌打发，涂在燕麦做成的蛋糕坯上，再加 600 克草莓作为装饰。这样就可以开动了，祝你胃口好！

最好的浆果——屡试不爽

覆盆子

J F M A M J J A S O N D

种植容器：最少 60 升

养护：在种植之后把枝条剪短到 30 厘米，这样可以促进来年枝丫的形成。三月底可以在土壤中施加 2 升混合肥以及 100 克角粉肥料。每年都需要修剪（见 112 页）。

品种：“秋福（Autumn Bliss）”是一种很好的秋季成熟的覆盆子。“霍布喀（Rubaca）”在夏季成熟，优质的营养成分为它加分不少，使它在众多的品种中脱颖而出。

附加建议：泰莓，比如“白金泰莓(Buckingham Tayberry)”，是覆盆子和黑莓的杂交品种。

黑莓

J F M A M J J A S O N D

种植容器：最少 60 升

养护：三月底时施加 2 升混合肥料和 100 克角粉肥料。

品种：“尼斯湖（Loch Ness）”和“纳瓦霍（Navaho）”都是产量高且无刺的品种。

附加建议：黑莓结在生长了两年的枝丫上。春天时把生长在藤架右边的六根新枝条呈扇状扎在一起，它们来年就能挂果。去年挂果的枝条扎在左边，在来年春天剪到接近地面的高度。柱状的品种节省空间，但是却只有 2~4 根枝条可以挂果实。

蓝莓

J F M A M J J A S O N D

种植容器：最少 60 升

养护：杜鹃花科和越橘属植物，需要使用土壤和堆肥来种植。土壤要一直保持湿润，尽可能用含钙量很低的水或者雨水浇灌。树皮地膜或者咖啡渣都有益于它们的生长。已经长了四年的枝丫，在来年二月时可以把它们剪到接近地面的高度。

品种：值得推荐的品种有“杜克（Duke）”，七月初成熟；“蓝丰（Bluecrop）”，从七月底开始成熟。

附加建议：不同品种杂交能提高产量。“阳光蓝(Sunshine Blue)”是四季常青的，矮壮结实，花呈嫩粉色，特别耐寒。

■= 种植时间　■= 收获　☼ 光照　◑ 半阴凉

草莓

J F M A M J J A S O N D

种植间距：25 厘米 × 40 厘米

养护：不要种得太深。长匐茎需要剪掉。每一株植物根旁边需要施加 10 克颗粒肥。在春天以及将要收获的时间你同样可以给每一株草莓施加 10 克肥料。

品种：只结一次果的品种，如“埃尔韦拉（Elvira）”，喜好阳光，结果主要是在五月和六月。野草莓能够生长在半阴凉的地方，结果时间可以持续好几个月。

附加建议：两三年后草莓就可以插枝（见 113 页），这样就可以替换掉那些老枝。

鹅莓

J F M A M J J A S O N D

种植容器：最少 30 升

养护：在强烈的阳光下鹅莓会被晒伤，最喜在很明亮的阴凉处生长。三月底施加 2 升混合肥料和 100 克角粉肥料。只保留 5~6 根主要的枝条，最老的枝条剪到接近地面的高度，如果是高茎干的植物就剪到接近植物树冠底部的地方。

品种：只种植那些对粉霉病有很强的抵抗能力的品种！红色的“红伊娃（Redeva）”以及黄绿色的“英氟他（Invicta）”都是高产量品种。

附加建议：如果空间狭小，那么就适合种植高茎干的品种或者几乎没刺的品种，比如红色的“科帕奇（Captivator）”。它是最矮壮、产量最高的品种。

红醋栗

J F M A M J J A S O N D

种植容器：最少 30 升

养护：三月底施加 2 升混合肥和 100 克角粉肥料。每年在收获后将地面以上的 2~3 年的老枝都直接剪掉。将可以挂果的侧枝，在距离下一个枝杈手指头宽的位置处剪掉。黑色的品种，在收获之后将第三长的侧枝上方的主枝剪掉。

品种：红色的“毫瓦达（Rovada）”、粉色的“粉红体育（Rosa Sport）”、白色的“普莱玛斯（Primus）”和黑色的“泰坦尼亚（Titania）”都是产量很高、粗壮结实的品种。此外，这些品种的浆果还不会过早脱落。

精挑细选：异域乐趣

喜欢吃零食或者喜欢经常尝试新鲜事物的朋友们可以在这儿得到很大的满足。来自遥远国度的八位候选人在此申请加入你的阳台，寻找一片温暖的阳光明媚的地方。

鹤莓

鹤莓果实很大，五六月开粉色的花，九月就结出红光闪闪的果实了。四季常青，高约 20 厘米。

蒜芥茄

蒜芥茄是番茄属，花呈白色或浅紫色，开花之后紧接着八月份就会结出小小的红果实。高 1~2 米，带刺。

酸浆

七月开始就会从它那灯笼状的外皮里结出甜甜的浅黄色的浆果了。成熟的果子会落下来。种植方式和番茄一样，高度为 30~80 厘米。

香瓜茄

香瓜茄又叫人参果，高 80~120 厘米。开白色或紫色的花朵，果实呈黄色，上面有紫色的条纹，如鸡蛋大小。无霜冻即可过冬。

花生

花生黄色的花朵在授粉后会低垂到土里，果实就在土里成熟。秋季时花生枝叶干枯后就可以收获了。

树番茄

八月开始枝头就挂上了1厘米大小的橘黄色浆果，味道尝起来像杏。根据花桶的不同可以长到1.5~2米。无霜冻即可过冬。

枸杞

紫色的花朵，红色的果实。“甜蜜生活浆果”(Sweet Lifeberry) 长得十分紧密，产量很高。枸杞树高约150厘米，采取保护措施后就可以抵抗霜冻，平安过冬。

鸡蛋果

鸡蛋果是一种攀缘植物，花朵和果实都很漂亮，可以长到2.5米。种植两株有益于授粉。放在明亮温暖的地方过冬。

秋天&冬天

彩色的叶子、金色的阳光和脆脆的苹果给我们的夏季画上了一个甜甜的句号。但是花园生活还将继续：可口的冬季蔬菜即将收获，窗外的山雀和麻雀发现了一处全新的食物供给站，花箱里的球根花卉也已经在期待来年的春天了。

期待……秋冬的魔法！

花盆里的圣诞节

美丽一整年：矮种白云杉

你需要：1株矮种白云杉 * 苹果以及其他装饰品

这种云杉确实是很值得感谢的生物：它们针状的外衣异常紧实，生长缓慢，质地密实，不需要修剪就呈现完美的圆锥形，即使是在花盆里种植也不受影响。它可以作为迷你圣诞树装扮你的圣诞节。

建议：不要总是用圆球和球果来装饰圣诞树，也可以尝试用麻雀团和小苹果来装饰——有待在家里胡乱唱歌的小鸟的话一定乐趣无穷。不要忘记，像所有其他四季常青的植物一样，冬天没有霜冻的时间可以偶尔给云杉浇浇水！

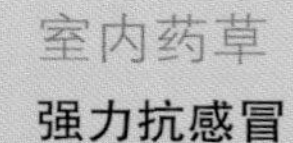

冰制风灯

免费且富有情调

你需要：2个相似形状的塑料碗，碗的直径不小于2厘米，大小不同 * 水 * 花朵、野蔷薇果实、浆果或者小球果

1. 在大碗底部倒上水，然后冷冻。然后把小碗放进去，在大碗与小碗的间隙装上水、花朵、浆果或者其他类似的东西。之后让其冷冻结冰。

2. 直到冰结到碗的边缘时把碗去掉。这样就制成了一个可以挂在阳台上的风灯了。

室内药草

强力抗感冒

1. 罗勒（见图）和迷迭香都是喜欢阳光的药草。这些药草在秋季时就可以直接搬到窗台上了——最好是先放在一个较凉快的位置，这样它们才能更好地适应气温的差异。虽然欧芹（法国香菜）在室外也能活过冬季，但是如果在冬天还想不断吃到欧芹（法国香菜），同样也可以把它挪到室内的窗台上过冬。

2. 要想香葱能百分百地重新冒出新芽，那就在晚秋时挖出来一个小球茎，然后把它种植在花盆里。在第一次霜冻之后才可以把它搬到暖和的地方去。不久之后，它就能冒出来第一波香葱芽了。

秋的饰品

被风吹拂的纪念品

你需要：1 根弯曲的树枝 * 金属线 * 茶烛 * 捆扎用的细绳 * 秋天的叶子、野蔷薇果实、栗子等 * 装果酱用的小瓶子

1. 将金属线绕在每个瓶子上，末端打结。在这个结上固定一个小小的由金属线制成的耳状提手。在每个瓶子里放入一个茶烛。

2. 借助细绳做出长度不一的链子来，你去散步时发现的小东西都可以挂在这条链子上随风摇曳。

3. 然后可以把链子和装有茶烛的瓶子固定在中等大小的枝丫上，之后就可以把这个随风摆动的小东西挂在阳台上。

鸟食“去吧”

小鸟的圣诞礼物

你需要：使用过的、清洗过的或者刚买回来的纸杯 * 捆扎用的细绳 * 剪刀 * 牛油或者椰油 * 鸟食 * 平底锅

1. 在绳子的末端或者中间位置打一个大结。将纸杯推到中间那个结上。

2. 在平底锅里把牛油或者椰油加热，但是不要煮沸。这时可以加入同等剂量的鸟食，稍凉之后将它们一起倒入纸杯。

3. 当油脂团完全凝固后，就可以把这个鸟食杯挂在外面了。也可以根据自己的喜好在挂出去之前就把纸杯去掉。

南瓜粥

简单又暖心

配料 (4 人量)：600 克南瓜（比如北海道南瓜）* 2 个洋葱 * 2 个蒜瓣 * 1 块生姜（根据个人口味选择大约大拇指大小的为宜）* 3 汤匙橄榄油 *2 汤匙咖喱粉 * 500 毫升蔬菜汁 *500 毫升椰子汁 * 1 个甜柠檬 * 盐 * 胡椒

1. 把南瓜去籽掏空，果肉切块。洋葱切成很小的丁状。蒜压碎。生姜擦碎或者切碎。

2. 把洋葱放在油里稍煎 1 分钟，之后将蒜和姜放进去。2 分钟后在上面撒上咖喱粉，并快速拌炒一下。

3. 加上南瓜，将蔬菜汁和椰子汁浇上去。用文火焖煮，直到南瓜变软，最后成泥状。

4. 将甜柠檬榨汁。将甜柠檬汁、盐和胡椒加到汤里调味，之后将汤盛在掏空的南瓜里端上餐桌。祝你用餐愉快！

色彩绚烂的收尾

夏天即将结束了吗？这时大自然心情大好，又可以再绚烂一次。请尽情享受金色的秋季风光和令人目眩的色彩盛宴吧！

充满行动和乐趣的时光都是美好的，去人工湖郊游或者在阳台上一时兴起举办烧烤聚会。即使是秋天也有它的优点：温和的九月阳光暖暖地照着脊背却不会流汗，早晨的雾气给整个世界笼罩上了神秘的面纱，使人们的内心异常平静，不由地慢下脚步来，进入一种十分舒服的放松模式。这时就是在阳台、房顶或者庭院享受的最佳时机。那些迷人的秋之花为这一切搭建了一个合适的背景。幕前呈现的就是颜色绚丽的紫菀和菊花。定期浇灌这些花，每周施加一次液体肥料，定期修剪掉枯萎的部分，这样就可以不断期待新花盛开了。

信息

秋季阳台餐桌上引人注目的就是一盘秋季番红花。

极棒的秋日饰品：观赏性的南瓜可以在干燥的地方存放好几个月。

建议：花盆不要放得过于密集，这样风能在缝隙间穿行，进而避免白粉菌的侵害。只有40厘米高的星光翠菀很适合种植在小阳台上。喜欢自然形态的人，或许会喜欢野紫菀呈面纱状的圆锥花序。它们能长到100厘米，很适合种植在充满阳光的后院里，比如种在布满爬山虎的墙前（见149页）。

毫无要求的常客

在苗圃和花卉商店里，一大批秋季花卉和合适的“陪伴者们”等待着穿上华丽的衣服。谁如果只想到了石楠花，那就迫切需要更新认知：秋季仙客来（见124页）、岷江蓝雪花和红景天也可以营造出多样的花团锦簇的景象。景观草在栽种的时候都有一定的造型。鳞叶菊、天山蜡菊以及其他叶子被染成银色的植物可以带给整体一种奢华的气息。特别

实用的是，即使是在冬天，它们也远不止漂亮那么简单，它们可以装扮你的花盆数年之久。

机灵的花盆园丁会利用这一点，然后很快把几株球根花卉穿插种在这些新的阳台居住者之间——这样也算是迅速地为来年春天做好了准备（见 126 页）。在挑选品种时，阳台这一小型种植地再一次显示了自己的优势：有时花园主人会放弃那些外形特别华丽的品种，如郁金香和水仙，因为这些高品质的品种通常情况下几年后才会开花。相反，在花盆构成的阳台花园中你可以尽情发挥，因为花园中的绿植经常被替换掉，而且这样也不需要花费那么多力气——每年种植一把新的鳞茎花卉即可。

野蔷薇的模样喜人，其果实也适合做成可口的果酱。

菊花、紫苑和石楠都是亮眼的粉色。山桃草和落新妇则开着浅色调的花朵。

丽果木可以搭配具有装饰性的浆果。

最好的秋日饰品——屡试不爽

鳞叶菊

J F M A M J J A S O N D

种植间距：15~25 厘米

生长：叶子呈针状，泛着银色，枝条因此显得异乎寻常，也以此而得名银巢。在我们这个纬度范围内很少有开漂亮的黄色花朵的鳞叶菊。这种植物只有在温和的地方才能过冬，这样它大半年都能以其美丽吸引人的目光——凋零的景象只有在春天时才会出现。

养护：种植在沼泽苗圃土里。基底要保持一定的湿度，但是要避免由于流水不畅造成的烂根。

附加建议：可以在 10℃左右的明亮的地方过冬。

蓝雪花

J F M A M J J A S O N D

种植间距：15~25 厘米

生长：一种漂亮的地表覆盖植物，花朵为紫罗兰色。秋天时叶子变为夺目的红色。

养护：蓝雪花是特别喜暖的植物，因此最好春天时种植在贫瘠的土壤中，比如使用种植药草的土壤种植。放在有阳光、温暖的地方。每 2 周浇一次液体肥料。过冬时，推荐用云杉干枯的小树枝给它制作一个保护罩。

附加建议：因为这种植物会长得凸出来，所以最好种植在阳台的花箱里或者混合花桶里。二月份时所有的枝芽都需要修剪到距离地面 3 厘米的位置。

常春藤叶仙客来

J F M A M J J A S O N D

种植间距：15~25 厘米

生长：花朵呈粉红色或者纯白色。常春藤状、白绿色的叶子即使在冬天也一如既往。

养护：这种植物可以被当作块茎或者开花植物种植。在定植穴中铺设 3 厘米厚的沙子作为排水层，一定要避免因为排水不畅造成的烂根现象。只有当土壤彻底干了之后才可以浇水。春天时记得施加混合肥。

附加建议：常春藤叶仙客来初夏长叶，因此最好和其他秋季植物一起种植。

■ = 花开时间　■ = 种植时间　☼ 光照　◑ 半阴凉

丽果木

J F M A M J J A S O N D

种植间距：15~25 厘米

生长： 枝条笔直，尖叶子十分光亮。多年生的植物，四季常青。花朵由白色到粉色都有，开花过后秋季就结白色、粉色或者红色（比如平铺白珠树）的浆果，果实可以保存很久。

养护： 适合种植在种植杜鹃花的土壤中。避免因为流水不畅造成的烂根现象，不要让土壤缺水，春天施加液体肥。

附加建议： 平铺白珠树比其他种类的丽果木更能承受0℃以下的气温。冬季最好对丽果木采取一些保护措施，霜冻厉害时用云杉的小枝条或者花园纤维网遮盖一下。另外需要把花盆包好。

石楠

J F M A M J J A S O N D

种植间距：15~25 厘米

生长： 花苞紧凑，垂直生长，花朵为粉色、紫色或者白色。挪威帚石楠 10~12 月开花，春花欧石楠 11 月~来年 4 月开花，其他时间可以观赏到叶轮生的欧石楠、漂泊欧石楠和灰色石楠的花朵。

养护： 放置在阳光处或半阴凉处。适合在种植杜鹃花或者沼泽苗圃的土里种植。带土的球茎要放得稍微深一些，大概得种到土里大约 0.5 厘米左右的深度。挪威帚石楠这一类的石楠，四月或者开过花后老的花蕾就该被剪掉了。春天时施加混合肥。

狼尾草

J F M A M J J A S O N D

种植间距：30~70 厘米

生长： 密集丛生、优雅悬垂出的草茎，柔软细长的圆锥花序。多年生植物。根据不同的品种花序可以长到 130 厘米高。盆栽适合种植低矮或者中等高度的品种，比如 30 厘米高的“小兔子（Little Bunny）”或者 80 厘米高、呈现秋季独有的金黄色的“哈美恩（Hameln）”。

养护： 在花卉土或者混合肥料中加入沙子可以使土壤变得更有渗透性。抽芽时施加几把混合肥料。每隔 3~4 年分割移植一次。

附加建议： 草茎在二月份才修剪，修剪到距离地面 4 厘米的位置即可。

循序渐进：栽种鳞茎花卉

不喜欢压力的人一定会喜欢鳞茎花卉——特别是当把鳞茎花卉与四季常青的半灌木结合在一起种植时。盆栽种植协会的座右铭就是：一次种植，长久美丽。

鳞茎花卉不属于那种需要像海马般大量饮水的植物。持续浇水只会立马使粗壮的鳞茎花卉腐烂掉，因此花桶里良好的排水孔、由沙砾或者膨胀黏土铺成的排水层是特别重要的装备。根据花盆的大小，排水层以 3~10 厘米厚为宜。另外推荐的是，把球茎插在第一层土的粗沙里，或者使用由三分之二花卉土和三分之一沙子混合制成的混合物。第一批鳞茎花卉（见图 2）到底种到多高的位置取决于花盆的高度：要记得，在鳞茎花卉上方和半灌木上方应该预留加土的空间。最后还应该预留大约 2 厘米的高度作为浇水的空间。适合作为半灌木种植的植物有常春藤叶仙客来、红景天、筋骨草、苔草或者铜钱状珍珠菜等。

然后我会把第一批球茎放进花盆。我会选择那种偏好种得比较深的品种，比如水仙或者郁金香。种子头要朝上，因为从种子头里会萌发出花朵和叶子。

在球茎上面还要再加一层土，然后就可以把半灌木放进去了。景观草和个头稍高的植物比如紫菀组合起来一定会特别美，或者景观草配形状突出的植物，比如鳞叶菊。

在半灌木之间，我会插入那种种植得比较浅的鳞茎花，比如天门冬、雪花莲或者番红花。它们的球茎小很多，所以很容易识别出来。

最后再次重申一下：种植后好好浇第一次水，这样半灌木就能很快扎根。球茎可以在整个秋天和冬天都处于休眠状态，但是我现在已经在期待来年春天了！

为冬而熟

天气预报员是不是已经开始用故作庄重的言辞与秋天告别了？或许是这样吧。但是，一想到花园中那些盆盆罐罐里还可以成熟的可口植物，园丁们还是会觉得心里暖暖的。

樱桃萝卜、生菜和水芹直到九月中旬之前都还可以播种，这些生长期很短的蔬菜恰好能在第一次霜冻来临之前成熟。即使霜冻不按常规稍早地短暂造访也无妨，用一个可以保温的纤维网罩着就可以延长收获时间。萝卜、糖莴苣、红菜头、菊苣以及其他秋季的生菜直到十一月还可以采摘。从九月开始，如果深夜里有一个保暖的纤维网“帽子”，那么豆子以及怕冷的蔬菜都会很开心，比如番茄、菜椒和黄瓜。用这种方法还可以在秋日的暖阳中收获最后一批果实。

纤维网可以保护像菜椒那些喜热的蔬菜，让它们免受寒夜的伤害。

建议：从九月开始就摘掉那些新开的花，这样植物就可以把所有的能量投入到果实中去。如果十月份还有一些绿色的番茄挂在枝头，你可以把它们放到家里待其后期自己慢慢成熟，也可以用它们制成可口的酸辣酱或者果酱。

补充维生素

野莴苣和菠菜都是外表娇弱但是吃起来却很硬的蔬菜。即使是九月中旬才种植，你依然可以在秋天时收获这些可口的叶子蔬菜。冬季品种的播种时间要长一些，菠菜直到九月底播种都可以，野莴苣则直到十月底仍可播种。为了避免生长停滞，只要气温持续下降，处于 15° C 以下，那就推荐你使用纤维网遮盖。那些脆脆的绿色蔬菜只有在异常低的气温下才需要纤维网覆盖，比如处于 –10° C 以下的欧洲山芥、油麦菜以及阳台或者窗台上种植的大蒜芥（见 97 页）。这时如果能给鸟儿们备一些零食，它们也会很开心，比如苹果、山雀丸子或者用加热过的椰子油和混合谷物自制的鸟食饼干 (见 121 页)。

速成教程

瓶装豆芽

1. 放入种子

找一个大肚子的瓶子彻底清洗干净，盖子要能拧紧，比如装泡菜的瓶子。把你想种的种子放到瓶子里，比如小麦（见图）、绿豆或者紫苜蓿。然后装上水，直到种子完全被水浸没。

2. 拧紧瓶子

找一块纱布，用一根捆扎用的细线或者橡皮筋把这块纱布绷在瓶口上。摇动几下瓶子，使液体从纱布网上流下来。

3. 短暂清洗

每天摇晃一次水里的种子，然后再小心地把水滗掉，这样萌芽才不至于被淹死。几天之后发芽就结束了，发过芽的种子即可以用来做沙拉或者夹到黄油面包里食用。

寒假：桶装植物的过冬问题

这些植物花开数月，灿烂夺目，到了冬季，九重葛、夹竹桃等都需要一段休眠时间。只是哪儿才是寒假最好的去处呢？

有关冬季度假地的事，你完全不用担心，因为花桶中的植物压根没有那么高的要求。黄杨、竹子、月桂树以及其他不惧严寒的植物还是可以待在室外的，就像那些耐寒的半灌木以及果树和浆果树一样（见132页）。绝大部分其他种类的植物则都有一个最低目标：远离霜冻，要充分的休养。如果秋天气温渐渐接近零度，也不需要恐慌。最基本的规则是：让花桶中的植物尽可能久地待在户外。但因为冬季很少有最适宜的条件，这时植物在户外每次待的时间越短越好。以后每隔两周就把这些绿植搬到户外去让它们接受严寒的“锻炼”——混合肥最好在八月底就已经施加过了（见79页），这样春天和夏天长出的新芽才能很好地长大。

即使白天阳光灿烂，晚上还是会感到很冷。

辞秋入冬之时，第一批需要搬入室内的就是那些对温度变化很敏感的种类，比如天使喇叭花、木槿、九重葛、蓝花茄以及软叶刺葵。但是并没有一个确切的必须把它们搬进屋里的日期。你只需直接听从天气预报的安排：如果预报了第一次霜冻，那这个时间就是搬迁的最佳时间了。相反，很多其他异常敏感的桶装植物，尽管它们看起来充满了异域情调，却能够从容地忍受即使是–5° C的低温，比如硬枝红千层、夹竹桃和苘麻以及一些装饰性的百合和柑橘类植物。石榴和橄榄树甚至可以毫无障碍地经受住–10° C的低温考验。与一些套盆不同，陶质花盆通常并不防霜冻，这种花盆在零度以下就会被冻裂。如果这些花盆价格昂贵，还是应该及时把它们搬到没有霜冻的地方。

抵制冬季的忧郁

绝大部分种植在花桶中的植物偏爱温和的 10°C 的气温，因为燥热的室内空气会使植物变得虚弱，也很容易招致害虫。通常最好的安置地就是不闷热的楼梯间：不要太暖，不要太冷，最好还要透亮。只有在这种情况下，绝大部分的桶装植物才会感到十分舒适。但是如果你只有一个阴暗的地下室可用，那该怎么办呢？对于那些要掉叶子的植物，这种环境是完全可以的，比如木槿、天使喇叭花。这些植物褪掉自己的叶子外套，开启睡眠模式过冬。但像夹竹桃、柠檬或者软叶刺葵这样四季常青的植物整年都在进行光合作用，因此即使是在冬天它们也需要足够的光亮。过冬时，只需要把软叶刺葵放置在房间里，它就能挺得过寒冷的冬天，就这一点而言，它是特别实用的。这个方法也适用于其他热爱温暖的植物，比如适应力很强的苘麻，它可以在 5~20°C 的温度范围内生长，并根据光亮自行决定是否保留自己的叶子。不论你的植物在哪儿过冬，你都该定期去检查一下，看它们是否遭遇了害虫的骚扰。十分普遍的害虫就是叶螨和尖眼蕈蚊。叶螨很喜欢干燥的空气，尖眼蕈蚊偏爱湿润的土壤。因此请使用加湿器或者用蒸馏水来喷洒植物。在浇水时需要注意：要少浇水，也可以让土壤完全干燥 1~2 周。将植物放在明亮的地方，每隔 4 周施加一次液体肥。

在霜冻即将来临时，像加利蒙地亚橘这样的柑橘类植物必须搬进室内。

有可以充气的温室，但是这绝对只是权宜之计。明显更好的措施是：把花送到提供过冬服务的花卉商那里。

建议：线虫也可以用来对付尖眼蕈蚊。对人以及宠物完全无害的线虫可以搅拌进水里，喷洒浇灌植物。尖眼蕈蚊的幼虫就寄生在土壤里。

循序渐进：盆栽植物的防冻措施

拥有温暖的“双脚”，可能还需要一顶小帽子来遮挡冰冷的“双耳”：这样装备起来的耐寒的盆栽植物肯定能很好地度过一年中最冷的季节，而且看起来也相当美观。

保暖设备

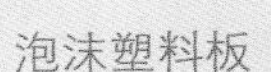
泡沫塑料板

麻布垫子、椰子垫或者羊毛垫

气垫薄膜

麻袋布和有色麻布带

纤维网保温罩

像玫瑰、蓝钟花或者苹果树这些种植在花盆里的耐寒植物也喜欢被包裹得暖暖的，因为它们的球茎在冬天里会比在苗圃里更容易被冻透。重要的是，要用隔热性能良好的气垫薄膜把花盆包裹好。在此期间你可以用透气的物质来保护植物土表以上的部分不受霜冻，比如用麻袋布、云杉的小树枝或者适合花园使用的纤维网。否则植物可能会遭遇腐烂和霉菌病的困扰。同样重要的还有，必须要有一个良好的排水系统。如果花盆底部积聚了水分，那么植物的茎干就会有冰碴。此外，你可以把花盆放在一个小圆木或者防霜冻的陶制品做成的底座上，这样多余的水就可以畅通无阻地排出来了。这样做的另一个积极的作用就是：底座高度每提高 1 厘米，植物就能享受到多一点的温暖，因为冷空气是朝下走的。

我会根据花盆的大小把麻布垫子、椰子垫或者超级温暖的羊毛垫剪成合适的大小直接裹在花盆上，扎紧，然后就可以了。

我会用透气的专供花园使用的纤维网来保护我的攀缘玫瑰。云杉树枝和麻布袋也有这个用途，而且超级好用。

特别实用的是，椰子垫剪剩下的部分可以罩在植物球茎上面，从上面保护球茎。

对花盆而言，气垫薄膜是很棒的保暖措施。因为气垫薄膜看起来并不好看，所以紧接着我会用麻袋布和彩色的麻布带来美化整个花盆。

适应冰雪

花盆构成的花园在进入冬天的休息期之前，还是可以活跃一下的：一场声势浩大的清理工作已近在眼前！你是否还想赋予阳台一点圣诞的色彩呢？

随着第一波霜冻的降临，很多夏季开的花恰似美人迟暮，快要变为生物垃圾了。一些看起来还很漂亮的花朵可以保持到来年春天。对于蜀葵、波斯菊和天人菊而言，要在九月底的时候就把距离地面一掌高的位置的叶子都剪掉，这有助于延长它们的寿命。对霜冻十分敏感的半灌木需要一件由云杉树枝制成的透气的小大衣——这样也能营造出一种圣诞前夕的氛围。用一些之前散步时捡到的秸秆做成的星形装饰物、装饰性的苹果和冷杉球果来作为圣诞装饰品是再合适不过的了。重要的是，所有多年生的阳台植物和桶装植物，特别是黄杨和竹子之类四季常青的植物，即使是在寒冷的冬季也需要偶尔被浇灌一下。绝大部分你以为的冻害事实上却是由于干旱造成的损害。因此你要一直在没有霜冻的时候掌握好土壤的湿润性，偶尔可以用喷水壶去浇灌一下植物。

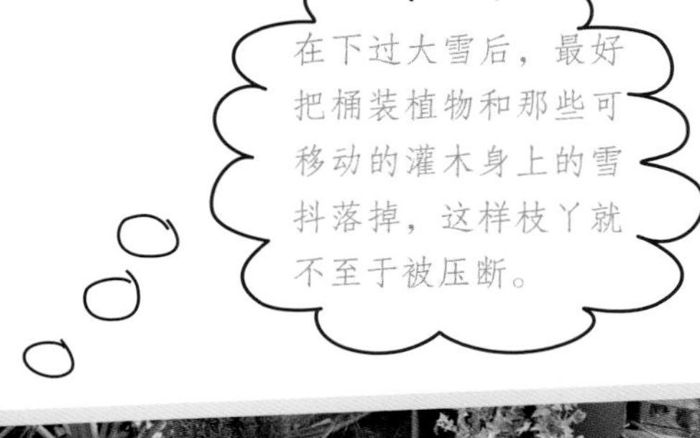

云杉树枝是最理想的覆盖材料，因为它可以透气。

园艺器械的保养

小铲子、耙和筛子上沾着的泥土只需要用肥皂水就可以把它们彻底清洗干净。用这种方法，也可以清洗那些还没有使用过的花盆。清理花盆内部可以用花盆刷或者厕所刷。厕所刷虽然没那么好看，但是却很有效。如果你用来打理花园的器械的把手是木质的，那最好还是用亚麻油来涂刷一下，这样它们才不会那么脆弱。如果剪刀上有了铁锈，就可以用强力刷子或者用钢丝球去擦拭。清洗汽油可以溶解掉那些黏糊糊的污垢。在金属部位涂一层薄薄的油能保护器械在来年春天到来之前不受铁锈的困扰。对于庭院里的设施，请不要忘记：关闭外部水管的注水口，管道清空，在来年春天来临之前一直保持龙头开着（这样里面有水的话就会流出，可以防止管子里的水结冰）。

速成教程

大丽花过冬

1. 从土里拔出来

如果一夜之间大丽花变黑了，以此你就可以判断出有霜冻了。这时你需要把离土表 5 厘米以上的所有嫩芽都剪掉。

2. 将土清理掉

将球根拔出来，然后抖掉附着在上面的土壤。如果基底土壤比较潮湿的话，可以在抖土之前将球根在室内放置几天，待土壤干掉后再清理。之后给每个球根贴一个标签，上面写清种类和花色。

3. 放入花箱

用干燥的沙子把球根覆盖起来，然后把花箱放置在一个黑暗、干燥的地方，温度为 0~5° C。损坏的大丽花则要清除掉，或者把腐烂的部分切除掉。切割面上撒上木炭粉，球根单独放置。

造型

用一个好点子、一些合适的配件和一点点的即兴发挥，你就可以把一个样式平平的阳台打造得与众不同。为此需要花费很多钱吗？这个改造过程不需要花你一点钱！效果会很好吗？那是一定的！同时这种改造不会对你的户外季有任何的影响。此外，这章还会向你提供一些有关阳台种植与保持邻里关系和睦的建议。

整体规划：基础

在造型这件事上，花盆园丁真该从花园设计者那儿偷学一两招。抽出纸和笔，开始做计划吧……

绝大部分由花盆植物构成的花园是一览无余的，这会让人感到有点单调。解决方案就是：如果阳台、庭院或者房顶的空间允许的话，你应该把它们划分成几个小的花园区。你可以借助高的桶装植物或者带有装饰性藤架的攀缘植物将窄长的庭院划分为几个区域。这样会唤醒人的好奇心，观看者始终想要知道在这个区域的后面到底隐藏了什么。普遍而言，狭长的阳台都是宽度不够的。

木质的地板和亮闪闪的石子朝不同的方向铺设能形成一种张力。

设置不同区域的技巧就是：你可以在木质小平台上安置座位，这样就可以从视觉上将休息区突出出来了。原则上，变换一下地板的铺设就可以从视觉上实现分区的目的：不同的地板朝向表明从不同的地方开始就是一个新的区域。此外，你还可以将 2 株漂亮的高茎干植物放在“座席区”的边界上进行标识，这样就营造了一种大门入口的感觉。

有风景的位置

出于其他原因，考虑空间分区的想法也是十分有价值的。比如每个人都想欣赏美丽的风景——如果被花箱、花桶挡住了视野，那不免有些愚蠢。解决这个问题，你只需要拿一把椅子，在空旷的地方试一下你最喜欢朝哪个方向张望，在哪儿你感觉最舒服——找到的这个地方就是你放座椅的最佳位置了。下一步你需要考虑的是，哪个角落你不想看到，比如邻居家的阳台或者光秃秃的水泥墙。这里还有一些防窥视的办法（见 146 页）十分受欢迎，这些方法可以遮挡他人的视线。有时候还可以使劣

像海风一样新鲜：很受欢迎的“法波德（Farbduo）”花朵由蓝色和白色构成，在视觉上是最适合炎热的朝南阳台的植物。恰当的其他搭配会强化这种效果。

势转化为优势：房顶上或者庭院中的水泥墙可以作为椅子的靠背，水泥墙还可以挂植物种植袋或者用来遮阳。

从优雅到色彩斑斓

最重要的造型元素之一就是色彩。当然你也可以在种植的时候根据自己的喜好选择硬件设备（见142页）和装饰品。或许你已经敏锐地感觉到了，多种色彩的混合会使空间显得很狭小，却会使阳台或者庭院显得很温暖。喜欢辽阔和距离感的朋友们，最好只选择几种颜色差异较小的品种。用冷色调造型效果很好：蓝色配白色，绿色配白色或者柔和的粉蜡色都可以自然划分出不同的空间，此外还能给空间氛围以清新和轻盈之感。而这一切恰好能得到那些拥有朝南阳台的主人的欣赏。注重生命阳光的一面的人，会选择代表友好的黄色，或者红色和橘黄色构成的富有力量的颜色——这样即使是在下雨天也不会无聊！在布置植物的时候还有个建议：将大个头的植物放在后面，小个头的放在前面，这样看起来就很舒服。小个头的和中等个头的花盆也很适合放在茶几上、植物架上，或者放在自己用木板制成的台阶上展示。

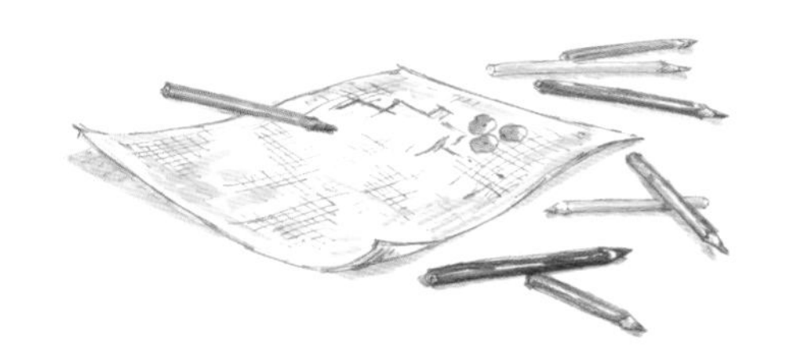

铺好地面

按照自然规律，阳台和房顶上很少有绿油油的草坪。因此可供你选择的就是从优雅到好玩的各式各样的地板。

已经有好几种选择放在你的脚下，比如木质地板。这种地板可以给它周边的每一寸地方一种温馨的感觉（见141页）。通过简便的敲击、粘贴，木质地板可以迅速轻松地铺设。你可以在具有很强耐受力的木塑复合材料和实木材料间选择一种。耐用的木头有洋槐、橡树和板栗树。热带树，比如柚木或者平滑娑罗双木，出于经济原因都不推荐。如果你已经买了这些木质地板，那至少应该有森林管理委员会认证（FSC）。也有一些看起来像石英砂的人工合成的地板，都是仿天然材料的。石英砂很配地中海风格的造型。

游泳池使用的韧皮纤维织成的垫子并不是很耐用，但是价格优惠，而且很快就能卷起来。此外它们比混凝土热得慢。

大号的地板砖使房顶显得更大方。

适宜那些爱冒险的人

长久以来被厌恶的人工草坪经历了一次真正的复兴，现在这种人工草坪有很多看起来高度仿真的变体。在五颜六色的派对阳台上，人工草坪恰好可以引起大家的注意。双面胶的发明使得这种草坪铺设起来很快。重要的是，为了避免发霉或者长青苔，一定要做好排水工作。在购买之前，你就该检查一下阳台是否有一个轻微倾斜的坡度和排水口（按规定是有的），并且选择那种底部打了孔、表面上有明显沟纹的人工草坪。如果阳台朝北，或者后院比较阴凉，土壤湿度可以保持很久。如果想给这些地方装扮点颜色，最好不要选用人工草坪，而是选择那种什么天气都可以使用而且防污的室外地毯。这种地毯也要时不时地拿到外面晾一下，以去除气味。在卖那些花花绿绿或者十分优雅的素色草坪的地方，也能买到这种小地毯。对于那些偏爱南太平洋的造型者而言——而且铺设的是封闭式阳台——反正都只有一种合适的地板：细软的白沙。

速成教程

铺设木质地板

1. 铺设地板

最好把地板块铺放在坚固的平稳的地基上，如在已有的阳台地砖上或者在用水泥或混凝土等铺成的无缝地面上。不平整的地方，如果较高，你可以把下面垫的人工材料相应地减薄一点；如果较低，就可以在下面垫上木楔。如果地基不平整得厉害，技术人员会在铺地板之前从五金店拿回一个平衡尺进行测量。

2. 完全敲击

多亏垫层中的人工材料，地板块才能一块块组装起来，水也能很好地流走。为了适应不规则的地面，还需要一把美工刀和手锯。

3. 落成仪式

地板铺好后就可以立马用花箱、花桶和烧烤来庆祝铺制完成了！

硬件&软件：阳台设备

叶绿了，花开了，这真的很美丽吧？现在需要的是靠在椅背上安安静静地享受。在这章你会找到一些建议，这些建议可以帮助你将你的户外起居室打造得十分舒适。

夏天的花朵很适宜种植在花盆里。番茄、土豆在生长袋中可以过得很好，如果把它们种在吊式花篮里，它们就可以友好地向小角堇问好了……不过稍等，难道这里没有少了什么很重要的东西吗？难道不该给辛勤的园丁安排一个小位置吗？幸运的是，很多阳台家具相对比较节省空间。推荐可以折叠的桌子和椅子，这种桌椅可以立马撑起来，同时又可以很迅速地折叠起来以节省空间。注重舒适度又想获得更多空间的朋友们，可以选择保利藤条制成的休闲家具，这种材质的家具不受天气影响。单人沙发、长沙发和桌子虽然相对较宽，但在你不需要它们的时候，可以把它们堆成紧密的骰子状。

信息

用一个玻璃瓶和铝制锅的洗涤剂就可以很快制成一个茶烛：把海绵拉出来，瓶子倒扣。好了，这样就大功告成了。

不要挡道！

对于绝对袖珍型的阳台而言，最适合的就是折叠桌。桌子可以固定在阳台护栏上，只在需要的时候打开：折叠起来的时候它是不占空间的，也不会挡道。

遮阳时也要注意避免有东西绊倒人，令人出糗。因为经典的遮阳伞总有一个致命性的缺点：有个很占地方的笨重的“脚”。节约空间的遮阳伞是那种半圆形的伞，可以直接固定在墙上。或者可以选那种可伸缩的遮篷，虽然不便

小酒桌可以根据需要用英国那种怀旧风格的折叠椅来搭配。

如果只是偶尔才烧烤的话，就可以用花箱和一次性的烧烤盘来临时凑合一下。

在用很多折叠家具打造的阳台上，竹子制成的伞特别能吸引人的眼球。

宜，却特别实用。

对于庭院和房顶而言，遮阳顶篷无疑是一个很棒的东西：时髦、优雅，而且适合任何风格。用旧床单和一些线绳就可以很快自制一个简易的。

建议：一直稍微倾斜地撑开，这样叶子和水就不会很快积聚在上面。如果购买的遮阳顶篷是由那种适合任何天气的材质制成的话，则不会积满水。但是即使是这样的顶篷，在暴风雨或者预报说有恶劣天气的时候，仍然需要拆卸掉。如果想省去这个麻烦，而且愿意多花点钱的话，不妨试试那种手动或者电动的可以迅速卷起伞的设备。这样你就可以有更多的时间用于生活中最根本的事情上了，比如烧烤。当然，大小各异的硬件设施必不可少。

比如阳台花箱状的迷你型设备，可以像以上提到的设备一样固定在阳台护栏上；一个简易的球状烤肉架相对简单，但也很快就可以从阳台上收拾到存放室或者地下室。当晚上合适的灯光营造出一种充满情调的氛围时，将烧烤架放在户外满意地大快朵颐，这样的烧烤聚会应该会更美好。当然，如果还有一团明火的话应该是最美的。但是应该控制好火盆或者火篮所占的位置大小，避免烧到谁的裤腿。另一种选择就是使用烧酒精或者膏体酒精的桌炉或火把，也可以使用油灯、酒精灯，当然茶烛也行。特别实用的就是使用太阳能灯带和灯笼。

面目一新……

有些阳台和装饰品已经有些年月了，另一些则从一开始就很丑。是时候进行一次小型“美容手术”了——只是门诊治疗，并不复杂。

无聊的墙

如果你不想看到太多令人惊讶的灰墙的话——你有了具备雄心壮志的同盟者！无数攀缘植物都在追寻着一项“陡峭”的事业。如果你能给它们提供一个类似于墙的平台，或者类似于脚手架一样的东西，就能在起初时助它们一臂之力，这些攀缘植物一定会为此很感激你。最后你甚至可能会遗憾没有更多的墙可供使用，因为无论如何你要靠垂直面来拓宽空间，为美丽的叶子和色彩艳丽的花朵多争取几平方米的生存空间。打造垂直花园你需要的所有东西就是种植箱、合适的植物以及所种植物需要的攀爬辅助设备。对于那些喜欢变化，而且期待很快就能见到结果的朋友而言，一年生的天空风暴番茄是最理想的。香豌豆、三色牵牛以及其他美丽的花朵会在短短几周之内占领整个藤架、绷起来的网格、自制的攀缘辅助设备（见147页）。攀缘辅助设备使植物不断向上攀爬，不至于短时间内剧增并聚集到一起。那些多年生的植物则需要多一点耐心，比如铁线莲或者金银花。不过这些多年生的植物随着时间内的推移会越来越漂亮。乍一看，特别实用的植物就是那些借助吸附板和吸附根茎攀缘生长的植物，很多时候它们甚至没有脚手架也可以爬得很高。但是要注意，这些吸附物通常只能借助于金属丝刷子或者火焰清理装置才能重新清除掉。很多种类生长迅猛，很快就拓展了自己的领地。因此你最好在种植那些攀缘植物前就和房东协商一下。

聪明的点子：在游泳池用的韧皮垫子上作画，然后作为帘子挂在阳台护栏上。这样可以遮挡视线，防止窥视。

建议：即使是没有脚手架铁线莲也能攀缘生长。你也可以把它们种植在植物

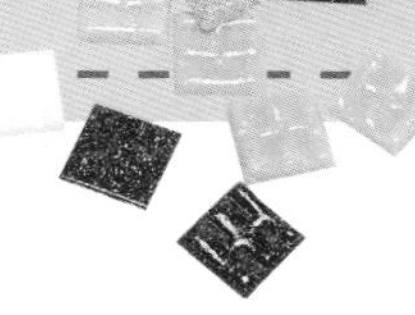

装饰花盆

你需要：强力胶、填缝剂、装饰用的材料、彩色瓷砖的碎片或者镜子、鹅卵石、贝壳、瓶塞、硬币。

* 首先用醋水和刷子把所有的旧陶瓷花盆里沉积下来的石灰污垢清理干净，然后晾干。

* 用强力胶把装饰材料固定下来，然后让胶自然风干 48 小时。接着搅拌填缝剂，抹在上面，静置 20 分钟干燥。多余的部分用湿海绵擦拭掉。

建议：那些表面已经有很多裂纹的材料就不要再用填缝剂去修复了，比如贝壳。

袋中，让它们在那里发芽和生长。

沉闷的阳台护栏

设置阳台护栏是为了避免有人失足坠落。就这个层面而言，绝大部分的护栏都很好地履行了它的职责。但是就外貌而言，很多护栏都差强人意。灰色的混凝土墙面、斑驳的护栏以及看起来索然无味的金属结构，你可以相对容易地给它们带来新的生机。只需刷一层新漆就可以立马呈现神奇的效果。如果护栏外表光滑，这项工作几个小时就能完成。如果护栏外表已经破损，就不得不在涂画之前先抛光或者重新粉刷一番。这项工作我们应该在开始修缮之前的几天就把它给做了。如果有人觉得这样太费事了，可以转而尝试一下“隐藏法”。现成的“覆盖物”有很多，比如条带、长满花的草坪以及印刷有其他主题的纺织带子或者用人工常春藤叶装点的网袋。这会不会显得太俗气了？或许你会喜欢由天然材质制成的在各大商店有售的防窥视帘子，比如芦苇帘、香蒲帘或者石楠帘。或者你可以直接将较高的花盆植物放在护栏前面。找一个外形漂亮的花箱，在里面种上绿草或者招人喜爱的五彩缤纷的夏天的各种花朵，也是个很不错的选择。

防窥视，防风

穿着睡衣，手里拿着一杯波特咖啡，享受着早晨的阳光——生活可以如此美好。本该是这样的，如果不用担心邻居从阳台斜过来张望的眼睛或者遭受那令人不快的穿堂风的话。

多亏由金属制成的底部栅栏和阳台护栏，它们给现代阳台在透气及轻便的外观方面加分不少。但是不幸的是，很多镂空的地方与其说能透气，不如说是穿堂风的风洞，而且也给邻居提供了机会，可以让他们对整个阳台构造一览无余。要想避免这种令人十分不舒服的状况，可以在地面上铺设一些不透明的地板(见140页)。为了避免来自上方的目光——这种尴尬在庭院中也会遇到——你需要一个遮帘、遮阳伞或者遮阳篷形状的遮挡物。甚至可以在庭院中设置一个小的有藤架的回廊，上面爬满了开花的美丽攀缘植物甚至果木，比如猕猴桃或者葡萄。

对于那种护栏只有身体一半高度的阳台，适合用扇子状的遮阳板作为屏障和用来遮阴。

一个绷起来的网加上一年生的攀缘植物就可以打造一道美丽的防窥视的屏障。

利用垂直空间的小能手

攀缘植物也有助于防侧面窥视。在市场上你可以找到很多现成的防窥视的东西，还有带有攀缘茎的栅栏或者有内置攀缘茎的花箱。但是防窥视这件事也可以简单得多，比如你可以在阳台一面绷一个网或者一根单独的绳子，甜豌豆和红花菜豆这一类的蔬菜就可以攀缘而上，形成一个天然屏障。这种屏障与那些由木头或者其他材质制成的封闭式的防窥视墙（见147页）相比要透气得多。这一点恰好也是朝南的阳台所具备的一大优势。在花桶里种植高大的植物，比如竹子或者其他景观草，都可以起到很好的遮挡视线的作用，而且还能抵挡最令人讨厌的穿堂风。还有一个方案，虽然造价高，但是却能节省宝贵的时间：在可移动的花箱里放一些现成的矮树篱。这些矮树篱可以阻挡旁人的视线，保护主人的隐私，还能给整个空间带来新绿，重新布置阳台也毫不费力。

速成教程

自制遮挡视线的屏障

1. 将材料串起来

最简单的方式就是用一条床单，沿着长边用剪刀间隔一定的距离剪孔，拉一根金属线或者一根结实的绳子穿过这些孔。豪华版屏障则可以是买来的窗帘或者自己缝制一个。

2. 绷紧绳子

将金属线或者绳子固定在阳台框架上。如果没有的话，你也可以这样做：找一个圣诞树的底座支架或花箱，然后将木桩插进去，最后用混凝土浇固木桩。

3. 享受阳光和阴凉

现在你可以根据自己的喜好拉上帘子，或者在天气不好的时候将帘子拉开。

最好的攀缘植物——屡试不爽

多花菜豆

J F M A M J J A S O N D

种植深度：3 厘米

种植间距：30 厘米

生长：这种植物叶子硕大漂亮，花朵呈火红色或者白色。沿着杆子、绷紧的绳子或者其他可供攀缘的辅助设备生长。根据品种不同，这种一年生的植物可以爬 2~4 米高。

养护：这种植物需水量很大。对于 20 厘米高新长出来的多花菜豆而言，土应该堆到第一对对叶的位置。

附加建议：这种豆子和它的嫩豆荚都可以煮来吃。大约从八月份开始就可以收获了。如果你更喜欢花朵，那么你可以在夏天看到它们的绽放。

黑眼花

J F M A M J J A S O N D

种植深度：0.5 厘米

种植间距：40 厘米

生长：这种攀缘植物可以长到 2 米高，围绕着那个黑眼睛一圈的是金黄色的花瓣。有些是新的品种，如从杏黄色到奶油色的“非洲日落（African Sunset）”，或者白色的“苏西怀特的黑眼睛（Susie White Black Eye）”。

养护：定期浇水，但是要避免因为水流不畅造成的烂根现象。每周在水中加入一些液体肥浇灌。

附加建议：自制的卷须方尖塔特别漂亮。你至少需要 3~5 根竹棍，插到花盆里，然后呈帐篷状系到一起即可。

香豌豆

J F M A M J J A S O N D

种植深度：4 厘米

种植间距：20 厘米

生长：这种一年生的植物转眼间就能凭借它那长至 2 米的卷须瞬间占领栅栏和攀缘辅助设备。它们有着金银丝状的叶子和引人注目的单色或者多色的花朵，如白色、紫色、粉色和粉蜡色。

养护：在新鲜的花卉土壤中不需要施肥。如果不是新土，那施加一点混合肥就可以了。要定期浇水。

附加建议：播种之前，把种子先放在水里面泡一天。定期修剪花束有利于刺激开花。

■= 育秧 ■= 播种 ■= 种植时间 ■= 开花时间 阳光 半阴凉 ● 阴凉

爬山虎

J F M A M J J A S O N D ● ◑ ☼

种植容器：最少 15 升

生长：爬山虎（五叶爬山虎）每年大约生长 1.5 米，可以长到 20 米。五叶地锦中的“猪笼草（Veitchii）”要小一些。爬山虎是秋天最美的一抹色彩，但是它结出来的蓝黑色的浆果却是不能食用的。

养护：可以通过修剪使爬山虎保持在你所希望的高度。春天施加混合肥。

附加建议：如果有一个攀缘的辅助设备的话，爬山虎会很感激你。它一般都是借助吸盘攀缘的，但是如果需要把吸盘吸附在完好无损的墙上的话，你最好还是问问房东。

金银花

J F M A M J J A S O N D ● ◑ ☼

种植容器：最少 15 升

生长：金银花是多年生的植物，需要利用攀缘辅助工具。金火焰品种生长很慢，长到 3 米的高度时需要的空间就很少了，花朵芬芳，叶子呈新绿色。

养护：三月时将金银花剪至一半的高度，之后它就会重新发芽。在四月、六月和八月初的时候施加几把混合肥。

附加建议：很多金银花品种都喷吐着一种淡淡的清香。此外，四季常青的金银花（巴东忍冬）可以说是冬天的一道美景。

厚萼凌霄

J F M A M J J A S O N D ◑ ☼

种植容器：最少 15 升

生长：根据品种不同，厚萼凌霄可以长到 2~5 米高。羽毛状的叶子上长着丰腴的圆锥花序，花朵呈喇叭状，有黄色、橙色和红色。

养护：借助吸附根茎攀爬生长。刚开始时最好使用一个攀缘辅助工具。春天时施加混合肥。放置在温暖、挡风遮雨的地方，冬天时用冷杉树枝遮挡植物的根，花盆用气垫薄膜包裹起来。

附加建议：四月初修剪到一定的理想高度——这有助于分枝和花朵的形成。

维护邻里关系

在拥挤的大都市中，如果邻里间和睦的关系也能像植物一样健康成长那就太好了。本章提供了一些与此相关的建议。

你不要总是只管照顾你的植物，还应该维护好它与邻居迈埃尔家的关系。否则的话也可能发生这样的事情：刚刚还甜如蜜的果实在下个月就变得完全不能吃了。比如，和植物相反，你的邻居并不想被你浇灌。虽然很多人是不会拒绝一小杯冰凉的啤酒的，但是被从上而下地灌水却是所有人都难以忍受的。与偶尔飘落的叶子不同，邻居一般没有办法容忍定期从阳台上噼里啪啦飞溅而下的水。他们会以法律手段或者通过仲裁人来维护自己的权益。可以帮助你的是：不要每次浇那么多水，在花箱里配备蓄水设备而不是使用排水管，或者也可以使用滴灌的方式。有用的知识就是：普遍而言，租户是可以用花箱和花桶来装饰阳台的，房东是不能用租房合同来禁止房客这样做的。相应地，租户必须认识到自己的交通安全义务，要保证自己的花盆不至于掉下去砸伤路人造成伤害。此外，还要注意不能超过阳台的负载量。如果计划要安置一个大的东西的话，比如花槽，那最好还是先考虑阳台的负载量为好。

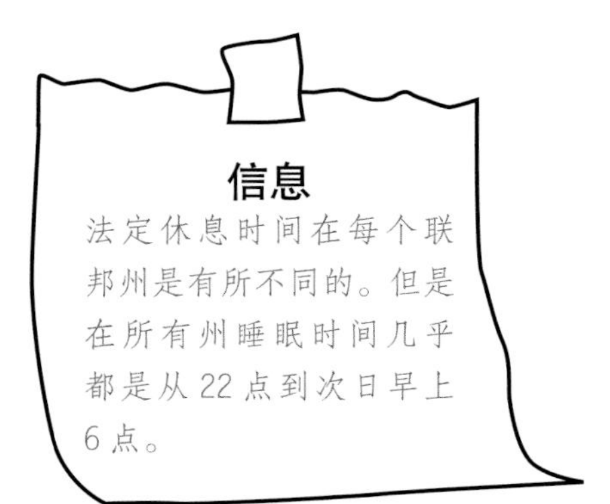

信息

法定休息时间在每个联邦州是有所不同的。但是在所有州睡眠时间几乎都是从22点到次日早上6点。

烧烤产生的烟很容易成为争吵的导火索。可能的妥协方案就是：使用电烤肉机。它产生的烟明显少很多。

所有的房屋立面

攀缘植物既不应该损坏房屋立面也不该损坏墙体，否则租户就要承担为此产生的费用。最可能产生这种破坏的是常春藤、紫藤以及生长速度很快的蓼。常青藤的吸附根茎都是怕光的，它们用力地挤进微小的缝隙里，结果就是那一片的地面都会爆裂。紫藤和蓼也喜欢展示自己的“肌肉”，它们能不费吹灰之力就把下水管挤压到一边。基于此，在

考虑那些相对而言人畜无害的爬山虎以及其他自我攀缘的植物时，你还是应该想到，这些吸附器官不借助外力是去除不了的——如果有一天你不想再要它们了。那些住在出租屋但是还想绿化一下自己房屋的朋友们，应该在这之前就与房东沟通并达成一致意见。如果是你自己的房屋，那你应该首先征得业主联盟的许可。

另一个建议就是：及时地修剪攀缘植物，确保它一直生长在你的领地上，不要越界伸向其他邻居家里。至少也要保证植物离天花板还有 1 米的距离，这样它就不会向上顶开瓦片。

小心谨慎

房东可以通过房屋合同禁止你在阳台或者庭院里烧烤。如果你在租房合同里发现了这个附加条款，你应该和房东协商一下：或许房东会同意你使用电烤肉机，因为这样就会避免通常因为烧烤而产生的烟。不过在有些地方这个事并不取决于房东的态度。比如在勃兰登堡州和北莱茵－威斯特法伦州，如果邻居觉得你烧烤产生的烟雾或者气味对他造成了干扰，你就要面临为此支付罚金的危险。至于烧烤的频率，同样也还没有统一的规定。法官觉得合适的频率在各个州都有所不同，从每年最多两次到每个周末两次不等。

延伸到阳台外的花箱里的植物也需要浇灌，不过注意不要浇到行人。

派对噪音？想要畅快淋漓地庆祝一番，那就严守休息时间规定。

最好的方法是：不要过分，偶尔提前给邻居一些信号。这个方法也适用于派对，因为举行派对也受法定休息时间的约束。在警察到来之前结束庆祝，就可以避免因为噪音扰民而被指控，也免去了因为长时间骚扰邻居而面临的最高 5000 欧元罚款的危险。

播种和种植时间表

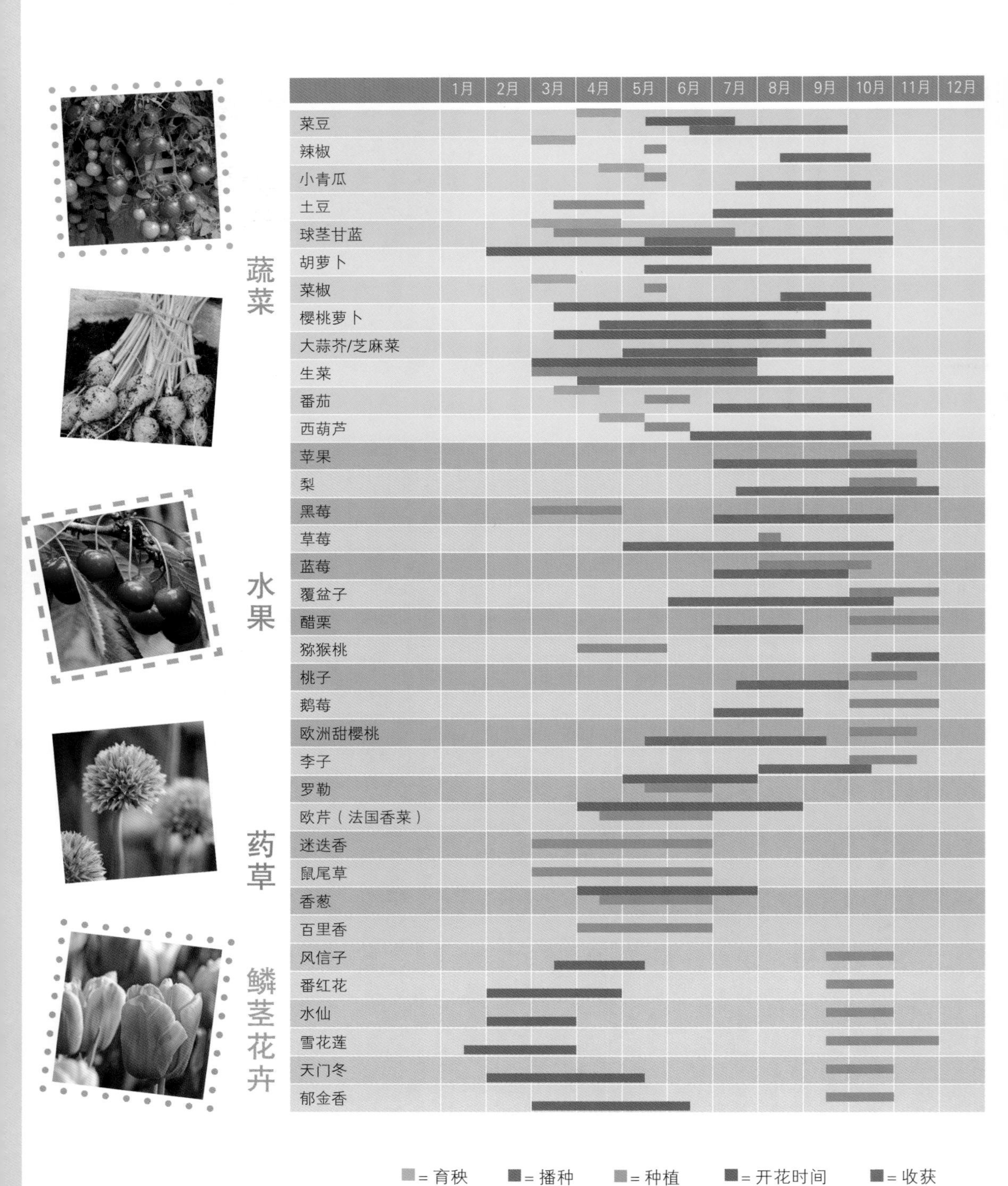

蔬菜
水果
药草
鳞茎花卉
1月
2月
3月
4月
5月
6月
7月
8月
9月
10月
11月
12月
菜豆
辣椒
小青瓜
土豆
球茎甘蓝
胡萝卜
菜椒
樱桃萝卜
大蒜芥/芝麻菜
生菜
番茄
西葫芦
苹果
梨
黑莓
草莓
蓝莓
覆盆子
醋栗
猕猴桃
桃子
鹅莓
欧洲甜樱桃
李子
罗勒
欧芹（法国香菜）
迷迭香
鼠尾草
香葱
百里香
风信子
番红花
水仙
雪花莲
天门冬
郁金香
= 育秧
= 播种
= 种植
= 开花时间
= 收获

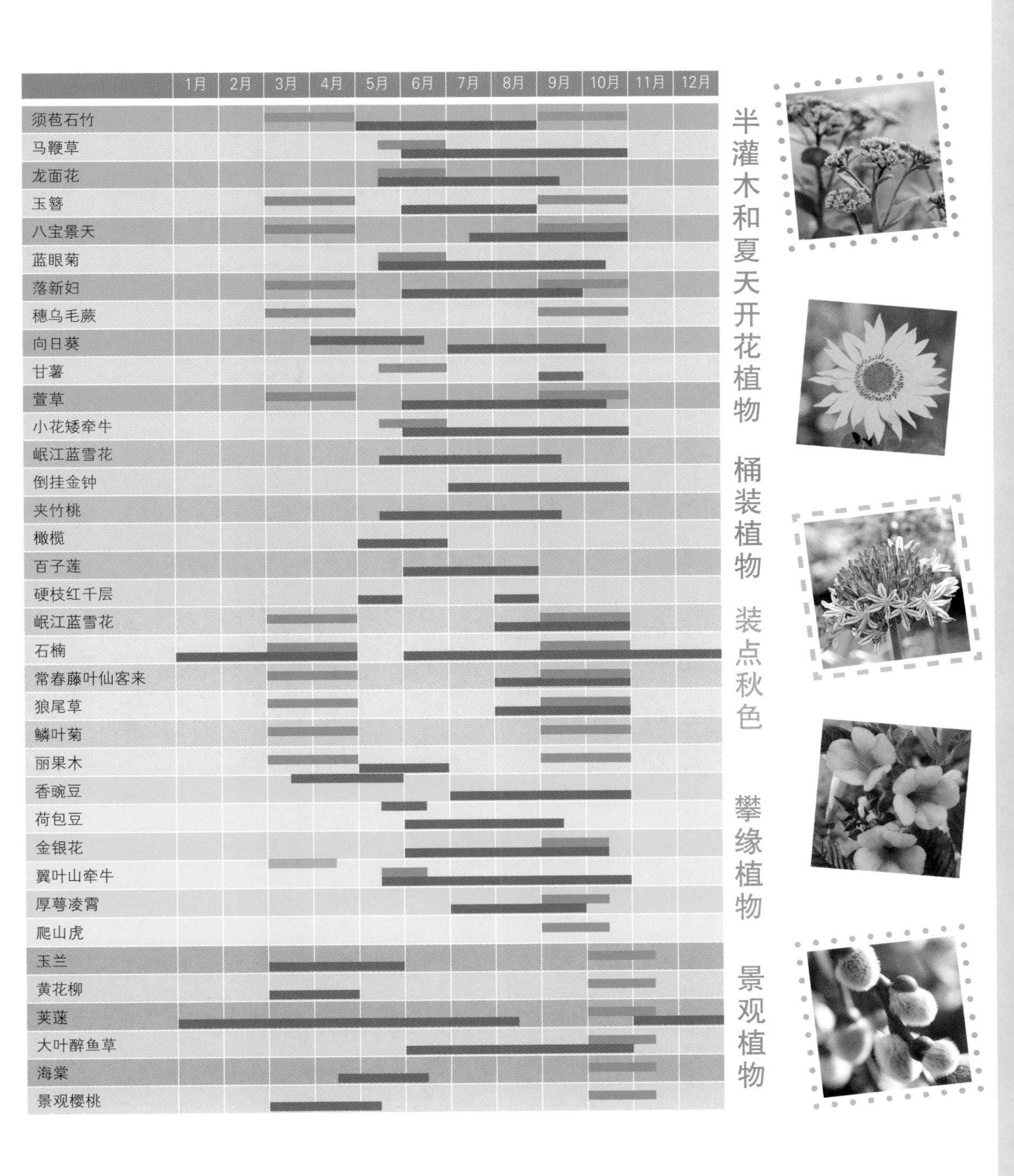
1月
2月
3月
4月
5月
6月
7月
8月
9月
10月
11月
12月
须苞石竹
马鞭草
龙面花
玉簪
八宝景天
蓝眼菊
落新妇
穗乌毛蕨
向日葵
甘薯
萱草
小花矮牵牛
岷江蓝雪花
倒挂金钟
夹竹桃
橄榄
百子莲
硬枝红千层
岷江蓝雪花
石楠
常春藤叶仙客来
狼尾草
鳞叶菊
丽果木
香豌豆
荷包豆
金银花
翼叶山牵牛
厚萼凌霄
爬山虎
玉兰
黄花柳
荚蒾
大叶醉鱼草
海棠
景观樱桃
半灌木和夏天开花植物
桶装植物
装点秋色
攀缘植物
景观植物

索 引

图书在版编目（CIP）数据

菜鸟阳台种植教程 / （德）玛莎·沙赫特著；刘静静译. — 西安：太白文艺出版社，2018.4
ISBN 978-7-5513-1343-8

Ⅰ. ①菜… Ⅱ. ①玛… ②刘… Ⅲ. ①阳台－观赏园艺－普及读物 Ⅳ. ①S68-49

中国版本图书馆CIP数据核字（2017）第287948号

菜鸟阳台种植教程
CAINIAO YANGTAI ZHONGZHI JIAOCHENG

作　　者　〔德〕玛莎·沙赫特
译　　者　刘静静
责任编辑　马凤霞　彭　雯
特约编辑　郭　梅　时音菠
整体设计　Metis 灵动视线
出版发行　陕西新华出版传媒集团
　　　　　太白文艺出版社（西安北大街147号　710003）
　　　　　太白文艺出版社发行：029-87277748
经　　销　新华书店
印　　刷　北京旭丰源印刷技术有限公司
开　　本　710mm × 1000mm　1/16
字　　数　81千字
印　　张　10
版　　次　2018年4月第1版　2018年4月第1次印刷
书　　号　ISBN 978-7-5513-1343-8
定　　价　58.00元